13億人都在喝の

神奇養生豆漿

降體脂　縮腰圍　抗衰老　預防三高

中國豆漿養生權威
百萬暢銷醫學專家｜張　曄

營養科主任醫師｜左小霞

89道豆漿＋58道米漿＋68道蔬果汁＋23道豆漿料理

共**238**道四季對症養生配方

前言

隨著健康理念深入每一個家庭，人們越來越重視食品安全與健康，在家自製飲品的人越來越多，自製豆漿者更不在少數，豆漿機也因此成為家庭中使用率越來越高的家用小電器。

市面上豆漿機的款式不斷的推出陳新，功能越來越齊全，除了可以製作豆漿外，還可以製作米漿、蔬果汁等，可是許多家庭卻沒有充分利用豆漿機，把豆漿機的功能發揮至最大限度。

本書最大的目的，就是讓你充分利用豆漿機，利用最健康、容易取得的食材，最可口的搭配方式，透過最簡單便捷的製作方法，做出最健康美味的飲品料理。

書中，我們為您介紹了近九十款豆漿、五十多款米漿和六十多款蔬果汁的做法，每款豆漿、米漿、蔬果汁我們都列出了最重要的健康功效，在目錄中即可一目了然，您可以根據自身需求，有

● 黑豆糯米豆漿

滋陰補腎、滋養肌膚

黑豆50克　糯米25克　冰糖10克

做法

1. 黑豆用清水浸泡8～12小時，洗淨；糯米淘洗乾淨，用清水浸泡2小時。

2. 將上述食材一同倒入全自動豆漿機中，加水至上、下水位線之間，按下「豆漿」鍵，煮至豆漿機提示豆漿做好，過濾後加冰糖攪拌至化開即可。

特別提醒

選購糯米時以存放了三、四個月的為佳，新鮮糯米不易煮爛。

養生功效解析

黑豆		糯米		
具有抗氧化功效，能抗衰、美膚	+	營養豐富，可健脾暖胃，滋陰潤肺，為溫補強壯佳品	=	滋陰補腎，滋養肌膚，延緩衰老

特別設計養生功效解析，將每一款豆漿、米糊、蔬果汁的功效闡釋得更詳盡。

效選擇、快速查閱。

最值得一提的是，本書中特別設計養生功效解析，將每一款豆漿、米糊、蔬果汁的功效闡釋得更詳盡，讓您吃得安心、放心，同時也能瞭解更多的健康知識。

此外，我們也針對各種不同類型的族群，例如某些特定疾病患者、孕婦、寶寶、青少年、老人，甚至經常喝酒應酬、抽煙熬夜者，以及需要改善體質的族群等，都量身訂製了最適合的豆漿、米糊、蔬果汁食譜。

本書中每款豆漿、米糊、蔬果汁的食材均配上圖片，圖片所顯示的分量，就是食譜中的實際分量（例如紅棗5克約2顆，核桃10克約4顆等等），以求讓您對用量有最直接的印象，好讓您在實際操作時可以將口味拿捏得更精準。

健康，原本就樣的簡單！

希望您可以每天家人端出精心製作的豆漿、米漿、蔬果汁，呵護家人健康。

每款豆漿、米糊、蔬果汁的食材均配上圖片，圖片所顯示的分量，就是食譜中的實際分量。

白米花生紅棗米漿

調養五臟、補氣健腦

白米30克	花生20克	綠豆15克
核桃仁10克	紅棗5克	紅豆15克
枸杞5克	熟黑芝麻5克	

做法

1. 白米淘洗乾淨，浸泡2小時；紅豆、綠豆分別淘洗乾淨，用清水浸泡4-6小時；紅棗洗淨，用溫水浸泡半小時，去核；枸杞洗淨。

2. 將全部食材倒入全自動豆漿機中，加水至上、下水位線之間，按下「米漿」鍵，煮至豆漿機提示米漿做好即可。

特別提醒

此款米漿可作為中老年人的早餐食用，補益效果很好。

養生功效解析

花生		紅棗		
滋陰潤肺、健腦益智	+	補氣養血、健脾益胃	=	潤養五臟，補肺氣，健腦

CONTENTS

天天來一杯，讓你瘦健美

五穀為養，缺「豆」不可

豆類的營養價值非常高，中國傳統飲食講究「五穀宜為養，失豆則不良」，意思是說五穀是有營養的，但沒有豆子就會失去平衡。中醫養生學上甚至有「紅豆補心臟，黃豆補脾臟，綠豆補肝臟，白豆補肺臟，黑豆補腎臟，五豆補五臟」的理論。

從現代營養學的角度看，豆類富含蛋白質，幾乎不含膽固醇，是攝取蛋白質與鈣、鋅的最佳來源之一。豆類是唯一能與動物性食物相媲美的高蛋白、低脂肪食品。豆類中的不飽和脂肪酸居多，是防治冠心病、高血壓、動脈硬化等疾病的理想食品，所以，人們應每天都吃一些豆類及其製品。

豆漿的起源

豆漿加油條似乎是人們最熟悉的一種早餐吃法，但豆漿的起源很少有人知道。

相傳在兩千多年前的西漢，淮南王劉安的母親患了重病，大孝子劉安請遍名

醫，母親的病卻仍不見起色，什麼也吃喝不下。因為母親喜歡黃豆，後來劉安就每天用泡好的黃豆磨漿給母親喝。劉母親嚐後感覺味美無比，十分喜歡，病也很快就好了。從此，豆漿開始在民間流傳開來。

豆漿與牛奶的對比

豆漿是一種營養價值極高的日常飲品，雖然單純從鈣含量上看，豆漿中的鈣含量遠低於牛奶，每一百克牛奶含鈣約一百二十毫克，同等重量的豆漿只有約十毫克，但豆漿在其他營養物含量上也完全可以和牛奶相媲美，養生保健功效甚至更勝一籌，稱得上是二十一世紀「餐桌上的明星」。

大豆蛋白

鮮豆漿含有豐富的蛋白質，含量高達二‧五六％，比牛奶還要高，並且豆漿中的蛋白為優質植物蛋白，十分適合人體需要。同時，豆漿還富含磷、鐵等礦物質，鐵的含量是牛奶的二十五倍。最值得一提的是，牛奶中含有乳糖，

乳糖要在乳糖酶的作用下才能被分解吸收，而大多數亞洲人缺乏乳糖酶，喝牛奶容易腹瀉，而豆漿不含膽固醇與乳糖，老幼皆宜。

豆漿中的營養大解析

中國歷代醫學著述都對豆漿有所描述，中醫認為豆漿性平味甘，具有健脾寬中、補虛潤燥、清肺化痰等功效。《本草綱目》上記載：「豆漿利水下氣、制諸風熱，解諸毒。」《延年秘錄》上也記載豆漿「長肌膚，益顏色，填骨髓，加氣力，補虛能食」。從現代營養學的角度看，豆漿中也富含很多對人體有益的營養成分。

大豆蛋白

大豆中的蛋白質是最好的植物蛋白，可以和動物蛋白相媲美，其不含飽和脂肪酸和膽固醇，是血脂異常、膽固醇超標、心臟病、肥胖者攝取蛋白質的最佳選擇。

膳食纖維

豆漿中所含的膳食纖維能調節血脂、降低膽固醇，有預防冠心病的作用；可促進胃腸蠕動，減少食物在腸道中停留的時間，達到通便的作用，防治便秘；預防膽結石形成，降低血糖含量，減少身體對熱量的攝取和對食物中油脂的吸收。此外，還有預防大腸癌、乳腺癌的

大豆卵磷脂

大豆卵磷脂是大豆所含有的一種脂肪。卵磷脂是人體細胞的基本構成成分，對細胞的正常代謝及生命過程有決定作用。攝取卵磷脂可以提高人體的代謝能力、自癒能力和抗病組織的再生能力，增強人體的生命活力，延緩衰老；還能有效降低過高的血脂和膽固醇；增強肝細胞的物質代謝，促進脂肪降解，保護肝臟，預防脂肪肝等疾病的發生。此外，卵磷脂還能為大腦神經細胞提供充足的養料，使腦神經之間的資訊傳遞速度加快，提高大腦活力。

功效。

大豆異黃酮

大豆異黃酮是黃酮類化合物中的一種，與雌激素有相似的結構，被稱為植物雌激素，能夠有效調節人體的雌激素水準，彌補女性中年時期雌激素分泌不足的缺陷，改善皮膚水分及彈性狀況，解緩更年期綜合症狀和改善骨質疏鬆。

大豆異黃酮還是一種抗氧化劑，能阻止強致癌物氧自由基的生成，並能阻礙癌細胞的生長和擴散，抗癌特性也較為突出，此外，在改善心血管疾病等方面也具有較為顯著的功效。

礦物質

大豆中含有鈣、鐵、鎂、磷等多種礦物質。豆漿中的鈣可強健骨骼，降低骨質疏鬆的發生率；鐵能預防缺鐵性貧血，令皮膚恢復較好的血色；鎂能解緩神經緊張、情緒不穩等；磷是維持牙齒和骨骼健康的必要物質。

不飽和脂肪酸

人類生存要依賴於兩種脂肪酸，一種是飽和脂肪酸，一種是不飽和脂肪酸。飽和脂肪酸人體可以自行合成，並且富含在動物性食物中，因其可升高膽固醇，故不宜過多攝入。不飽和脂肪酸則是一種較為健康的脂肪酸，具有降低血液黏度，降低膽固醇，改善血液微循環，保護腦血管，增強記憶力和思維能力的功效，能預防血脂異常、高血壓、糖尿病、動脈粥狀硬化、風濕病、心腦血管等疾病。

喝豆漿的八大好處

強身健體

豆漿中含有人體生長發育所需的各種營養素，尤其是蛋白質含量高而且品質好，對增強體質大有好處。

防治糖尿病

豆漿含有大量膳食纖維，能有效阻止糖的過量吸收，因而能防治糖尿病，是糖尿病患者日常必不可少的好食品。

防治高血壓

豆漿中所含的豆固醇和鉀、鎂，是有力的抗鈉物質，而鈉是高血壓發生和復發的主要根源之一，如果體內能適當

控制鈉的數量，既能防治高血壓，又能輔助治療高血壓。

防治心臟病

豆漿中所含的豆固醇和鉀、鎂、鈣能加強心血管的活躍，改善心肌營養，降低膽固醇，促進血流，防止血管痙攣。如果能堅持每天喝一碗豆漿，可大幅降低心臟病的復發率。

防治腦中風

豆漿中所含的鎂、鈣，有降低腦血脂，改善腦部血液循環的作用，從而有可能預防腦栓塞、腦出血的發生。豆漿中所含的卵磷脂，還能減少腦細胞死亡，提高腦功能。

防治癌症

豆漿中的蛋白質和硒、鉬等都有很強的抑癌和治癌能力，特別對胃癌、腸癌、乳腺癌有效。

延緩衰老

豆漿中所含的硒、維生素E、維生素C等有抗氧化功能，能防止細胞老化，尤其對腦細胞作用最大，可預防老年癡呆。

美容養顏

豆漿中含有的植物雌激素、大豆蛋白、異黃酮、卵磷脂等物質，是天然的雌激素補充劑，可調節女性內分泌系統功能，還能延緩皮膚衰老，有顯著的養顏美容功效。

米漿，既簡單又營養

米漿在我們的飲食文化中已有兩千多年的歷史。在物質文化高度發展的今天，將穀物放入米漿機或豆漿機中，加入適量水，按下「米漿（或米漿鍵）」後，即可得到黏稠美味的米漿。

讓營養更均衡、互補

米漿製作方便，而且在營養方面具有很突出的優點：五穀雜糧的營養價值十分豐富，不同的五穀雜糧營養成分各不相同，將其按不同的功效合理搭配製作，可實現營養的均衡、互補，除了白米、小米、糙米、紫米等以外，還可以加入蔬菜、堅果、薯類或藥材等一起打製，各有不同的養生功效，對健康大有裨益。

「第一補人之物」

米漿可生胃津、健脾胃、補虛損，特別是它經過精細粉碎而形成的細膩漿狀，介於乾性和水性之間，口感柔順、滑膩，易於消化吸收。對於兒童、老人、病人和體弱者以及消化吸收功能較差者，食用米漿十分有益。女性經常食用，也可以起到內在調理和外在養顏的功效。古人甚至稱粥漿（漿）是「第一補人之物」。

蔬果汁的神奇力量

色彩誘人、味道可口的蔬菜和水果，除了可以烹製菜餚、做成沙拉或直接生食外，還可以打成汁，把營養「喝」進去。如今，飲用蔬果汁已成為很多現代人的營養新主張，因為它具有很多意想不到的優點。

增強細胞活力、調節酸性體質

新鮮蔬果能為人體提供大量的維生素以及鈣、磷、鉀、鎂等礦物質，對調整人體功能、增強細胞活力以及腸胃功能等有很好的效果。富含礦物質的蔬菜和水果屬於鹼性食物，與五穀和肉類等酸性食物中和，可調整體液酸鹼平衡，而酸性體質正是萬病之源。

幫助消化、減肥瘦身

蔬果汁含豐富的膳食纖維，可以幫助消化、排泄、促進新陳代謝，清除體內的鉛、鋁、汞等重金屬和自由基等毒素，從而達到淨化人體的作用，也是減

肥瘦身的很好選擇。對於偏食者、不喜愛吃蔬菜和水果的人，喝蔬果汁能夠彌補營養。而對於病人、老年人和嬰幼兒來說，其胃腸功能較弱，飲用蔬果汁可使營養更易吸收。

延緩衰老，對抗癌症

水果和蔬菜是抗氧化劑的最好來源，維生素C、胡蘿蔔素、維生素E等抗氧化劑，不僅能夠對抗自由基，延緩衰老，滋養肌膚，還能防病治病，對抗癌症。

另外，製作蔬果汁方便快捷，對於很多上班族來說，既可以節省時間，又可以隨時隨地享用，裝到杯子裏還可以隨身攜帶。

PART

1

好豆漿 自己做

選對豆漿機，讓您輕鬆安全喝豆漿

市售豆漿機有很多不同的款式，從研磨粉碎技術上看，目前較先進的是超微研磨技術，可以研磨出超微粉碎效果，釋放植物蛋白，還原大豆原先香氣。從功能上看，豆漿機有單功能和多功能之分，單功能豆漿機只能製作純豆漿，多功能豆漿機是指除製作純豆漿外，還能製作五穀、濕豆、乾豆漿以及米糊、蔬果汁、濃湯、果醬等。甚至有的豆漿機還增加了智慧預約功能，這大大方便了忙碌的上班族，只要預定好時間，整個進度過程完全在掌控之中，讓你可以在任何想喝豆漿的時候喝到新鮮豆漿。

本書將告訴您如何變換口味，製作可口豆漿，也將告訴您如何極限的發揮豆漿機的功能，用豆漿機制作蔬果汁和米漿等飲品。

怎樣做出好豆漿

隨著人們對豆漿保健效用的認識，以及豆漿機的普及，越來越多的人喜歡在家自製新鮮豆漿，那麼怎樣才能做出好豆漿呢？需要注意以下幾點：

選擇優質豆類

做豆漿時，在豆子的選擇上十分重要，一定要選擇顆粒飽滿、有光澤的優質豆類。

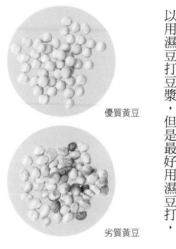

優質黃豆

劣質黃豆

豆子最好要浸泡

雖然豆漿機可以用乾豆打豆漿，也可以用濕豆打豆漿，但是最好用濕豆打，

因為浸泡過的豆子已經將乾豆表面的雜質去掉，提高了大豆營養的消化吸收率。另外，乾豆打豆漿較易磨損豆漿機的刀片，打出的豆漿口感也較生澀。

清水打豆漿

雖然豆子浸泡後口感會更好，但是製作豆漿時不宜使用泡豆子的水，否則打出來的豆漿不鮮美，還容易引發疾病。正確的做法是將泡過的豆子用清水清洗幾遍然後放入豆漿機，加入清水打製。

巧搭配

製作豆漿不只局限於使用黃豆、黑

Tips

如何選擇豆漿機

選購豆漿機時，可根據家庭人口的多寡選擇不同容量的豆漿機，一般1～2人，選擇800～1000毫升；3～4人，選擇1000～1300毫升；4人以上，應選擇1200～1500毫升的豆漿機。

豆、紅豆、綠豆，還可以搭配穀類、水果、蔬菜、乾果等，按照個人喜好和口感巧妙搭配，使口感升級。

豆漿的保存法

豆漿最好新鮮飲用，家庭自製則最好隨做隨喝，但是如果一次喝不完，也要講究科學的保存方法，否則，豆漿一旦變質，會不利健康。

隔天保存法

將剩餘豆漿倒入乾淨的容器中，放入冰箱冷藏保存。冬天，早晚加熱飲用即可；夏天只能加熱一次。

一星期保存法

準備密閉性好且耐熱的瓶子，比如太空瓶或保溫杯等。

豆漿機製作出來的豆漿，都是沸騰的熱豆漿，所以器皿必須十分耐熱。同時，要想讓食物長期保存，就必須保證不會有細菌和氧氣入侵，因此器皿蓋蓋後必須十分密閉，不透氣、不透水。

在準備灌裝鮮熱豆漿前，先將容器洗淨、曬乾，然後用滾水燙一下，做殺菌處理。接著將容器皿內的熱水倒出，裝入熱豆漿。裝豆漿時，最好不要裝滿，應留下一點空隙，然後先把蓋子鬆鬆地蓋上，大約十幾秒鐘後再將蓋子轉緊。待豆漿自然冷卻後，放入冰箱保存即可。在4℃的條件下，可以保存一個星期，想喝的時候重新加熱一下即可。

豆漿的飲用禁忌和族群禁忌

豆漿是一種老幼皆宜的飲品，營養豐富，但飲用時也有禁忌。

忌喝未煮熟的豆漿

豆漿中含有皂素、胰蛋白酶抑制物等有害物質，如果未煮熟就飲用，會引發噁心、嘔吐、腹瀉等中毒症狀，因此豆漿必須煮沸。但是在煮豆漿時，很多人以為溢出泡沫就煮開了，其實這是「假沸」現象。正確的做法應該是，在豆漿表面出現泡沫後改用小火煮，直到泡沫

消失，這樣才能將豆漿完全煮開。

忌與生雞蛋同時食用

很多人在喝豆漿時喜歡搭配不熟的雞蛋，或者在豆漿中打入生雞蛋，以為這樣更有營養，其實這是不科學的。因為雞蛋中的黏液蛋白容易和豆漿中的胰蛋白酶結合，會產生一種難吸收的物質，從而降低人體對營養的吸收。雞蛋與豆漿同吃時，一定要將豆漿和雞蛋都分別加熱熟了再吃。

忌沖紅糖

紅糖含草酸和蘋果酸，豆漿遇酸產生變性沉澱物，大大的破壞營養成分。

忌一次飲用過多

豆漿一次飲用過多會引起蛋白質消化不良，出現腹脹、腹瀉等不適症狀。一般成年人每次三百～五百毫升，三歲以上兒童每次一百～二百毫升為宜。

忌空腹飲用

豆漿富含蛋白質，如果空腹飲用，蛋白質會被用來代替澱粉而消耗掉，不僅造成蛋白質浪費，還會加重消化系統、泌尿系統的負擔。因此，喝豆漿最好吃些饅頭、麵包等澱粉食品。

有些人不宜喝豆漿

豆類容易引起噯氣、腸鳴、腹脹等症狀，有胃潰瘍的人最好少飲。

豆漿富含蛋白質，其代謝產物會增加腎臟負擔，腎發炎、腎衰竭者不宜飲用。

大豆屬於寒性食物且富含普林，痛風病人以及乏力、體虛、精神疲倦等虛寒體質者不適宜飲用豆漿。

另外，急性胃炎和慢性胃炎者不宜飲用豆漿及其製品，以免刺激胃酸分泌過多而加重病情。

常用食材的處理技巧

在製作豆漿時，除了打製原味豆漿外，還會加入穀類、蔬菜、水果等食材，讓口感和營養雙重升級，因此就需要對一些食材進行特別處理。雖然大部分食材的處理方法十分簡單，但這裡提供一些小技巧和小常識，可以讓事情變得更簡單。

黃豆

2. 浸泡黃豆8～12小時。

1. 清洗黃豆。

3. 泡好後洗淨，倒入豆漿機。

小米

3. 瀝出水備用。　**2.** 浸泡。　**1.** 清洗。

   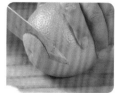

柳丁

4. 按需要可再切成小塊。　**3.** 將每一小塊去皮、去子。　**2.** 用「十」字形刀法切成四塊。　**1.** 先切去頭尾。

   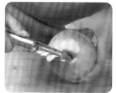

蘋果

4. 切成小丁備用。　**3.** 去除中間的果核。　**2.** 用水果刀切成4塊。　**1.** 用削皮刀（或水果刀）削去蘋果皮。

  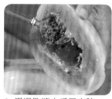 

木瓜

4. 切丁備用。　**3.** 用刀去掉果皮。　**2.** 用湯匙將木瓜子去除。　**1.** 先對半切開。

 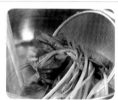  

菠菜

4. 放涼後切小段備用。　**3.** 汆燙後撈出。　**2.** 用刀切除根部。　**1.** 先用水洗淨。

南瓜

3. 切塊備用。　**2.** 用湯匙將南瓜子去除。　**1.** 先對半切開。

提起豆漿，人們最熟悉也最常喝的就是黃豆豆漿，後來逐漸衍生出黑豆、綠豆、紅豆等打製的豆漿，豐富了人們的口感，滿足了不同族群的喜好。原味豆漿最大的好處是保持了豆類的原汁原味，讓人們享受最純正的豆漿魅力。

經典原味豆漿

黃豆豆漿

抗氧化、抗衰老

 黃豆80克　 白糖15克

做法

1. 黃豆用清水浸泡8～12小時，洗淨。
2. 把浸泡好的黃豆倒入全自動豆漿機中，加水至上、下水位線之間，按下「豆漿」鍵，煮到豆漿機提示豆漿已製作好，過濾後依個人口味添加白糖調味後即可飲用。

養生功效解析

黃豆豆漿富含維生素B群、維生素E及硒，具有抗氧化功效，能達到抗衰老的作用。

黑豆豆漿

抗癌、益壽

黑豆80克　白糖15克

做法

1. 黑豆用清水浸泡8～12小時，洗淨。
2. 把浸泡好的黑豆倒入全自動豆漿機中，加水至上、下水位線之間，按下「豆漿」鍵，煮到豆漿機提示豆漿已製作好，過濾後依個人口味添加白糖調味後即可飲用。

養生功效解析

黑豆富含鋅、銅、鎂、鉬、硒、氟等礦物質，這些礦物質能延緩人體衰老。另外，黑豆外皮含有抗氧化劑花青素，能清除體內自由基，具有抗癌、延年益壽的功效。

特別提醒

黑豆分綠心黑豆和黃心黑豆。中醫認為，綠心黑豆比黃心黑豆的藥用價值要高。

紅豆豆漿

養心、利尿

紅豆100克　白糖適量

做法

1. 紅豆淘洗乾淨，用清水浸泡4～6小時。
2. 把浸泡好的紅豆倒入全自動豆漿機中，加水至上、下水位線之間，按下「豆漿」鍵，煮到豆漿機提示豆漿已製作好，加白糖調味後即可飲用。

養生功效解析

紅豆被李時珍稱為「心之穀」，具有養心的功效。每天適量食用紅豆，可幫助淨化血液，解緩心臟疲勞。另外，紅豆還能利尿消腫。

特別提醒

飲用紅豆豆漿時不宜同時吃鹹味較重的食物，不然會削減其利尿的功效。

綠豆豆漿

去火、解毒

綠豆100克　白糖15克

做法

1. 綠豆淘洗乾淨，用清水浸泡4～6小時。
2. 把浸泡好的綠豆倒入全自動豆漿機中，加水至上、下水位線之間，按下「豆漿」鍵，煮到豆漿機提示豆漿已製作好，加白糖調味後即可飲用。

養生功效解析

中醫認為綠豆性涼，可清熱解毒，解緩大便乾燥、牙疼、咽喉腫痛等上火症狀，有去火解熱的作用。

特別提醒

綠豆性涼，脾胃虛弱者不宜多飲這道豆漿。

營養加倍 五穀豆漿

將豆類與穀類、蔬菜、水果、乾果、牛奶等混搭在一起製作的豆漿，不僅讓口感升級，還令營養加倍，具有很好的防病去病的保健功效，同時也滿足了不同人群口味的多樣化選擇。

豆類 + 豆類

營養加倍：豆類所含的蛋白質是最好的植物蛋白，維生素B群以及鈣、磷、鐵、鉀、鎂等礦物質的含量也很高，是膳食中難得的高鉀、高鎂、低鈉食品。民間自古就有「每天吃豆三錢，何需服藥連年」的諺語，意思是說每天吃點豆類，可有效抵抗疾病。而將豆類合理地搭配在一起製作豆漿，營養價值更是大大提高。

豆類好夥伴：黃豆、黑豆、紅豆、綠豆、豌豆等。

五豆仁豆漿

滋潤皮膚、延年益壽

 黃豆30克　 黑豆10克　 青豆10克　 乾豌豆10克

 花生10克　 冰糖10克

做法

1. 黃豆、黑豆、青豆、豌豆分別用清水浸泡8～12小時，洗淨；花生洗淨。
2. 將上述食材一同倒入全自動豆漿機中，加水至上、下水位線之間，按下「豆漿」鍵，煮至豆漿機提示豆漿做好，過濾後加冰糖，攪拌至化開即可。

養生功效解析

黑豆		花生		
軟化血管、滋潤皮膚、延緩衰老，並能滋補腎陰，改善老年人體虛乏力的狀況	＋	含不飽和脂肪酸，有保護心血管的作用	＝	保護心血管、滋潤皮膚、滋補腎陰、延緩衰老

青豆30克　黃豆30克　綠豆30克　冰糖10克

青黃綠三合一豆漿

延緩衰老、強健體魄

做法

1. 黃豆、綠豆、青豆用清水浸泡8～12小時，洗淨。

2. 將上述食材一同倒入全自動豆漿機中，加水至上、下水位線之間，按下「豆漿」鍵，煮至豆漿機提示豆漿做好，過濾後加冰糖攪拌至化開即可。

養生功效解析

常食綠豆能補充營養，增強體力。黃豆具有抗氧化功效，能起到抗衰老的作用。二者合用可延緩衰老，強健體魄。

特別提醒

綠豆有解毒功效，正在服藥者不宜多喝此豆漿。

黃豆30克　黑豆30克　花生15克　冰糖10克

黃豆黑豆豆漿

強身健體、延緩衰老

做法

1. 黃豆、黑豆用清水浸泡8～12小時，洗淨；花生洗淨，用清水浸泡2小時。

2. 將上述食材一同倒入全自動豆漿機中，加水至上、下水位線之間，按下「豆漿」鍵，煮至豆漿機提示豆漿做好，過濾後加冰糖攪拌至化開即可。

養生功效解析

常食黑豆能增強體力、補腎益陰、延年益壽。黃豆具有抗氧化、抗衰老的功效，還能潤燥補虛。二者合用可延緩衰老，強健體魄。

特別提醒

花生最好選小粒紅皮的，製作豆漿時最好不去紅皮，因為紅皮營養價值較高，可幫助免疫性貧血患者控制病情。

黑豆糯米豆漿

滋陰補腎、滋養肌膚

黑豆50克　糯米25克　冰糖10克

做法

1. 黑豆用清水浸泡8～12小時，洗淨；糯米淘洗乾淨，用清水浸泡2小時。

2. 將上述食材一同倒入全自動豆漿機中，加水至上、下水位線之間，按下「豆漿」鍵，煮至豆漿機提示豆漿做好，過濾後加冰糖攪拌至化開即可。

特別提醒

選購糯米時以存放了三、四個月的為佳，新鮮糯米不易煮爛。

養生功效解析

黑豆		糯米		
具有抗氧化功效，能抗衰、美膚		營養豐富，可健脾暖胃，滋陰潤肺，為溫補強壯佳品		滋陰補腎，滋養肌膚，延緩衰老

五穀豆漿

增強免疫力 、排毒、抗癌

黃豆50克　白米15克

小米15克　小麥仁15克

玉米15克

做法

1. 黃豆及小麥仁用清水浸泡8～12小時，洗淨；白米、小米、玉米淘洗乾淨，用清水浸泡2小時。

2. 將上述食材一同倒入全自動豆漿機中，加水至上、下水位線之間，按下「豆漿」鍵，煮至豆漿機提示豆漿做好，過濾後即可飲用。

特別提醒

中老年人及高血脂症患者可常飲用此款豆漿。

養生功效解析

玉米		小麥仁		增強免疫力，
含有維生素B2等營養物質，對預防癌症等疾病有很大幫助	＋	含有較多的膳食纖維，具有良好的潤腸通便、解毒抗癌的作用	＝	排除毒素，防癌抗癌

紅豆小米豆漿

利尿生津、養心安神

紅豆50克　小米25克　冰糖15克

做法

1. 紅豆用清水浸泡4～6小時，洗淨；小米淘洗乾淨，用清水浸泡2小時。
2. 將上述食材一同倒入全自動豆漿機中，加水至上、下水位線之間，按下「豆漿」鍵，煮至豆漿機提示豆漿做好，過濾後加冰糖攪拌至化開即可。

特別提醒

宜選購顆粒均勻、呈乳白色、黃色或金黃色，並且有清香味的小米。

養生功效解析

紅豆		小米		
能清熱去濕、消腫解毒、清心除煩、補血安神		健胃消食，可輔助治療脾胃虛熱、反胃嘔吐等症		健胃除濕、生津利尿、養心安神

營養加倍：豆類富含不飽和脂肪酸，花生、核桃等是人們日常生活中經常食用的堅果，也是重要的食用油脂的來源，含有不飽和脂肪酸以及磷、鐵、鉀等礦物質和維生素；紅棗、蓮子等富含維生素和礦物質，將這些食物加入到豆漿機中一同打製，有很好的健腦益智、抗衰老、降膽固醇、穩定情緒等功效。

豆類好夥伴：核桃、花生、杏仁、芝麻、紅棗、蓮子等。

豆類 + 堅果、乾果

八寶豆漿

固精益氣、強健筋骨

 黃豆30克　 紅豆30克　 核桃15克

 黑芝麻5克　 蓮子10克　 花生5克

薏米5克　鮮百合15克　 冰糖15克

做法

1. 黃豆用清水浸泡8～12小時，洗淨；紅豆浸泡4～6小時，洗淨；蓮子、花生、薏米、百合洗淨，用清水浸泡2小時。

2. 將上述食材一同倒入全自動豆漿機中，加水至上、下水位線之間，按下「豆漿」鍵，煮至豆漿機提示豆漿做好，過濾後加冰糖攪拌至化開即可。

養生功效解析

蓮子		核桃		
健脾止瀉，可輔助治療脾虛久瀉，食欲缺乏	＋	增強體力、潤肺止咳	＝	固精益氣、強健筋骨

蓮子花生豆漿

滋陰潤肺、增強記憶力

 黃豆50克　 蓮子25克　 花生20克　 冰糖10克

做法

1. 黃豆用清水浸泡8～12小時，洗淨；蓮子、花生洗淨，用清水浸泡2小時。
2. 將上述食材一同倒入全自動豆漿機中，加水至上、下水位線之間，按下「豆漿」鍵，煮至豆漿機提示豆漿做好，過濾後加冰糖攪拌至化開即可。

養生功效解析

花生可提高智力，補血益氣；蓮子有健脾止瀉，養心安神的功效。二者合用，可滋陰潤肺、增強記憶力。

綠豆紅棗豆漿

清熱健脾、益氣補血

 黃豆60克　 綠豆20克　 紅棗5克

做法

1. 黃豆用清水浸泡8～12小時，洗淨；綠豆淘洗乾淨，用清水浸泡4～6小時；紅棗洗淨，去核，切碎。
2. 把上述食材一同倒入全自動豆漿機中，加水至上、下水位線之間，按下「豆漿」鍵，煮到豆漿機提示豆漿做好即可。

養生功效解析

綠豆能清肝明目、增強肝臟解毒能力；紅棗能安五臟、補血，加上黃豆，三者搭配製成豆漿，可清熱健脾、補血益氣。

營養加倍：在豆漿中加入一些新鮮蔬菜，不僅可以增加豆漿的口感，還可與豆類互補營養，使豆漿營養更全面。一般來說，常見蔬菜大都可以加入豆漿中，只是像辣椒、洋蔥、韭菜等口感比較重、有刺激性的蔬菜，以及馬鈴薯等澱粉含量很高的蔬菜不宜加入，否則會降低豆漿的口感，或者增加沉澱物。

豆類好夥伴：西芹、南瓜、生菜、菠菜等。

豆類
+
蔬菜

西芹豆漿

預防高血壓、解緩高血脂症

黃豆60克

西芹30克

做法

1. 黃豆用清水浸泡8～12小時，洗淨；西芹摘洗乾淨，切碎。
2. 將黃豆、西芹碎倒入全自動豆漿機中，加水至上、下水位線之間，按下「豆漿」鍵，煮至豆漿機提示豆漿好，過濾後倒入杯中即可。

特別提醒

高血壓腎病患者應慎飲此款豆漿。因為腎病患者體內的鉀不容易排出體外，如果黃豆吃太多，很容易導致高鉀血症。

養生功效解析

黃豆		西芹		
富含皂素，可促進膽固醇的代謝，減少膽固醇在血管內的沉積，預防動脈硬化		具有降血壓、鎮靜、健胃、利尿等療效		防高血壓，解緩高血脂症狀

紫薯南瓜豆漿

預防高血壓、提高免疫力

黃豆60克　紫薯20克　南瓜20克　冰糖5克

做法

1. 黃豆用清水浸泡8～12小時，洗淨；紫薯、南瓜分別洗乾淨，去皮，切丁。
2. 將上述材料倒入全自動豆漿機中，加水至上、下水位線之間，按下「豆漿」鍵，煮至豆漿機提示豆漿做好，過濾後加冰糖攪拌至化開即可。

養生功效解析

紫薯富含花青素和硒，可提高免疫力，延緩衰老；南瓜可降血脂、血壓、血糖，滋陰美膚。二者合用，可有效預防高血壓、提高免疫力。

生菜豆漿

減肥健美、增白皮膚

黃豆60克　生菜30克

做法

1. 黃豆用清水浸泡8～12小時，洗淨；生菜洗乾淨，切碎。
2. 將黃豆、生菜倒入全自動豆漿機中，加水至上、下水位線之間，按下「豆漿」鍵，煮至豆漿機提示豆漿做好，過濾後倒入杯中即可。

養生功效解析

這款豆漿具有高蛋白、低脂肪、多維生素、低膽固醇的特點，可滋陰補腎、減肥健美、增白皮膚。

特別提醒

因為生菜性寒，胃寒的人應少飲生菜豆漿。

營養加倍：水果富含維生素，在豆漿中加入水果可以品嘗到獨有的清新味道，並獲得雙重營養。不同的豆漿搭配不同的水果就是不同的味道，並且具有美容、減肥、防止血壓升高、預防癌症等功效。總之，豆漿和水果的搭配十分豐富，可以根據自己的喜好任意變換。

豆類好夥伴：西瓜、草莓、香蕉、蘋果等。

蘋果香蕉豆漿

黃豆50克　蘋果40克　香蕉80克

有效減肥、清熱潤腸

做法

1. 黃豆用清水浸泡8～12小時，洗淨；蘋果洗淨，去皮，除子，切小塊；香蕉去皮，切小塊。
2. 將黃豆、蘋果塊、香蕉倒入全自動豆漿機中，加水至上、下水位線之間，按下「豆漿」鍵，煮至豆漿機提示豆漿做好即可。

特別提醒

空腹不宜進食大量香蕉，選擇在飯後或非饑餓狀態時吃比較安全。

養生功效解析

蘋果	香蕉	清熱潤腸，排毒養顏，適合減肥人士
含有豐富的膳食纖維，促進體內毒素排出，還有降低膽固醇的作用	潤腸道，助消化，預防便秘	

清涼西瓜豆漿

利尿、清熱

黃豆50克

西瓜果肉50克

做法

1. 黃豆用清水浸泡8～12小時，洗淨；西瓜果肉除子，切小塊。
2. 將黃豆、西瓜塊倒入全自動豆漿機中，加水至上、下水位線之間，按下「豆漿」，煮至豆漿機提示豆漿做好即可。

養生功效解析

此款豆漿富含水分和氨基酸，可消暑利尿，降血壓，防治咽喉炎及尿道炎。

特別提醒

此款豆漿性涼，最好不要一次飲用過多，以免腹瀉。

雪梨奇異果豆漿

清肺潤嗓、美白肌膚

黃豆40克

雪梨40克

奇異果30克

做法

1. 黃豆用清水浸泡8～12小時，洗淨；雪梨洗淨，去皮，除子，切小塊；奇異果去皮，切小塊。
2. 將黃豆、雪梨塊、奇異果塊倒入全自動豆漿機中，加水至上、下水位線之間，按下「豆漿」，煮至豆漿機提示豆漿做好即可。

養生功效解析

此款豆富含有豐富的維生素等營養物質，能夠消痰止咳，美白嫩膚，防癌抗癌，降低膽固醇，尤其適合女性飲用。

特別提醒

此款豆漿適合在秋季搭配早餐飲用，有潤肺止咳的功效。

營養加倍：將花草茶加入到豆漿中，不僅更營養，味道也更芳香，比如玫瑰花，本身具有很好的美容效果和藥用功效，與豆漿搭配有理氣和血、疏肝解鬱、安心寧神、降脂減肥的作用。花草豆漿別異其趣的風味更能討得女性的歡心。

豆類好夥伴：玫瑰花、茉莉花、菊花、桂花等。

豆類 + 芳香花草茶

黃豆60克　玫瑰花6克　白糖10克

玫瑰豆漿

潤膚養顏，適合夏季飲用

做法

1. 黃豆用清水浸泡8～12小時，洗淨；玫瑰花洗淨。
2. 把黃豆和玫瑰花一同倒入全自動豆漿機中，加水至上、下水位線之間，按下「豆漿」，煮至豆漿機提示豆漿做好，過濾後加白糖攪拌至溶化即可。

特別提醒

也可用豆漿沖泡玫瑰花來飲用，同樣清香可口。

養生功效解析

黃豆		玫瑰花		
含有豐富的膳食纖維，並富含氨基酸和卵磷脂，可滋陰養顏，預防便秘	✚	活血美膚、潤喉清火、調節內分泌	＝	潤膚養顏、清熱降火，適合夏季飲用

茉香綠茶豆漿

黃豆60克

茉莉花10克

綠茶10克

白糖10克

做法

1. 黃豆用清水浸泡8～12小時，洗淨；茉莉花和綠茶洗淨浮塵。

2. 把黃豆和茉莉花、綠茶一同倒入全自動豆漿機中，加水至上、下水位線之間，按下「豆漿」鍵，煮至豆漿機提示豆漿做好，過濾後加白糖攪拌至溶化即可。

特別提醒

孕婦及服用含有硫酸亞鐵藥物的病人不宜飲用此款豆漿。

養生功效解析

茉莉花		綠茶		
清熱解暑、安定心神、健脾化濕、滋潤肌膚		阻斷脂質過氧化反應，疏肝理氣、抗輻射		疏肝理氣、安定情緒，適合夏天飲用

營養加倍：牛奶富含鈣，但維生素E和維生素K的含量較少；豆漿中的鈣含量相對較低，但維生素E和維生素K的含量比較高，二者搭配在一起可以讓營養互補、均衡，並且使得口感更滑順，香氣更濃郁。

牛奶杏仁豆漿

抗老化、滋潤皮膚

黃豆60克　杏仁20克

牛奶250cc　白糖15克

做法

1. 黃豆用清水浸泡8～12小時，洗淨；杏仁挑淨雜質，洗淨。

2. 把杏仁和浸泡好的黃豆一同倒入全自動豆漿機中，加水至上、下水位線之間，按下「豆漿」鍵，煮至豆漿機提示豆漿做好，依個人口味加白糖調味，待豆漿放置溫熱，倒入牛奶攪拌均勻後飲用即可。

特別提醒

產婦、幼不宜食用苦杏仁、甜杏仁也不宜多吃，糖尿病患者不宜多食甜杏仁，一日最多不超過25公克。

養生功效解析

黃豆	牛奶	
預防動脈硬化、高血壓和心臟病，滋潤皮膚	延緩腦功能衰退，增強記憶力	延緩衰老、滋潤皮膚

＋　＝

牛奶花生 核桃豆漿

抗老化、增強記憶力

 黃豆55克　 花生10克　 核桃10克

 牛奶250cc　 白糖15克

做法

1. 黃豆用清水浸泡8~12小時，洗淨；花生將雜質挑淨，洗淨；核桃洗淨。

2. 把花生、核桃和浸泡好的黃豆一同倒入全自動豆漿機中，加水至上、下水位線之間，按下「豆漿」鍵，煮至豆漿機提示豆漿做好，依個人口味加白糖調味，待豆漿放置溫熱，倒入牛奶攪拌均勻後飲用即可。

特別提醒

牛奶不宜在豆漿滾燙的時候加入，會破壞牛奶的營養。

養生功效解析

牛奶		花生		
富含蛋白質、鈣以及大腦必需的氨基酸，有助於提高大腦的記憶力	＋	富含蛋白質和植物固醇，能夠延緩衰老，增強記憶	＝	抗老化、延緩腦力衰退、增強記憶

在傳統食譜中做一些稍微的改變，可以得到一些驚喜，豆漿也一樣，可以充滿創意。做一些既好喝、又有特色的豆漿，可以為生活增添情趣。

另類口感特色漿飲

咖啡豆漿

黃豆60克　即溶咖啡粉25克　白糖10克

提神醒腦、增加心臟活力

做法

1. 黃豆用清水浸泡8～12小時，洗淨。
2. 把黃豆倒入全自動豆漿機中，加水至上、下水位線之間，按下「豆漿」，煮至豆漿機提示豆漿做好，過濾。
3. 將豆漿沖入即溶咖啡粉，加白糖攪拌至溶化即可。

養生功效解析

此款豆漿可提神醒腦、滋陰潤燥、增加心臟活力。

特別提醒

失眠、植物性神經紊亂患者不宜飲用。

松花黑米豆漿

黃豆60克　皮蛋1個　黑米20克　鹽5克

消渴去火、滋補養生

做法

1. 黃豆用清水浸泡8～12小時，洗淨；黑米淘洗乾淨，用清水浸泡2小時；皮蛋去殼，切丁。
2. 把上述食材倒入豆漿機中，加水至上、下水位線之間，按下「豆漿」鍵，煮至豆漿機提示豆漿做好，加鹽攪拌至溶化即可。

養生功效解析

皮蛋能瀉熱、醒酒，黑米可滋陰補腎，二者合用可消渴去火、滋補強身。

特別提醒

產後血虛、病後體虛、貧血者、腎虛者及年少髮絲早白者宜飲用此款豆漿。

營養美味米漿

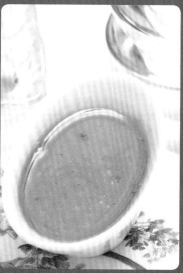

米漿的傳統製作方法

米漿也稱為米糊，人們最初製作米漿時十分複雜，比如要製作白米米漿，首先要把適量的白米用水洗淨並浸泡一兩小時，然後稍微瀝乾，放到碾缽裏磨碎或搗碎。接下來，將米粉加入適量水，形成粉狀，然後一起倒入鍋中加熱，加

熱過程中還要不停地用勺子攪動，以免黏鍋。這種製作米漿的過程十分費時費力。後來，市面上有了各種米粉等現成的五穀粉，以及各種食材粉碎機，省去了研磨的麻煩，但同樣需要用鍋熬製，也很難掌握火候。自從各式各樣製作米漿的機器以及功能齊全的全自動豆漿機問世後，自製米漿變得容易簡單了。

用鍋做米漿

3. 米粉燒沸後，放入黑芝麻粉，不斷攪拌，待熟後加入白糖調勻即可。

2. 鍋內加水燒開，加入米粉。

1. 黑芝麻搗碎。

巧用豆漿機製作米漿

現代人製作米漿已經越來越簡單，可選用專業的米漿機，或者集製作豆漿、米漿等為一體的豆漿機。製作米漿大致分以下幾個步驟：

一、先浸泡

穀類及豆子的表面富含人體很難吸收的膳食纖維，用水浸泡後，可使其軟化，再經過研磨、熬煮，可使營養充分釋放，利於人體吸收。不僅如此，食材經過浸泡後，製作出來的米漿口感更好。

二、加配料

製作米漿時可根據需要加入蔬菜、水果或者紅棗、芝麻、核桃等，如果需要加入芝麻、花生等時，可以先將其炒香，這樣熬出來的米漿味道更香濃。

三、按鍵

一切準備就緒後，將食材放入豆漿機或專門的米漿機中，按下指示鍵，燈光閃爍並有聲音警報時已製作完成。米漿做好後倒入容器裏，使用勺子攪拌一下，可使米漿稠度均勻，同時可依個人口味加適量的糖或鹽調味。

Tips

食材之間的「混搭」

雖然食材之間的「混搭」可以讓營養更豐富，但並不是混合得越多越好，要掌握它們之間的相宜相剋原則，只有相宜的食材搭配在一起，並且適合自己的體質，才能對人體達到最好的補益作用，否則會適得其反。

用豆漿機做米漿

3. 按下「米漿(糊)」鍵，待機器提醒做好後倒出，加入糖等調料調味即可。

2. 將水瀝出放入豆漿機中，加入適量水（如果要加入花生等輔料也可一同放入豆漿機中）。

1. 白米洗淨，浸泡2小時。

紫米30克　白米30克　紅棗5克　蘋果50克

紫米米漿

滋陰補腎、明目補血

做法

1. 白米、紫米淘洗乾淨，用清水浸泡2小時；紅棗洗淨，用溫水浸泡半小時，去核；蘋果洗淨，去皮、去核，切碎。
2. 將全部食材倒入全自動豆漿機中，加水至上、下水位線之間，按下「米漿」鍵，煮至豆漿機提示米漿做好即可。

養生功效解析

此款米漿有滋陰補腎、養血明目的功效。口味稍酸，還有開胃的作用。

特別提醒

此款米漿也適合小寶寶食用，如果嫌味道太酸，可加入適量冰糖調味。

白米50克　薏米30克　熟花生20克　冰糖10克

薏米米漿

潤膚養顏、活血調經

做法

1. 白米、薏米淘洗乾淨，用清水浸泡2小時。
2. 將白米、薏米、熟花生倒入全自動豆漿機中，加水至上、下水位線之間，按下「米漿」鍵，煮至豆漿機提示米漿做好，加入冰糖攪至化開即可。

養生功效解析

此款米漿有滋潤肌膚、養血調經的功效，還可減輕臉部肌膚粗糙和痤瘡、粉刺症狀。

特別提醒

薏米不易熟，過度烹煮可能會破壞功效，所以一定要浸泡充分。

白米花生
紅棗米漿

調養五臟、補氣健腦

白米30克	花生20克	綠豆15克
核桃仁10克	紅棗5克	紅豆15克
枸杞5克	熟黑芝麻5克	

做法

1. 白米淘洗乾淨，浸泡2小時；紅豆、綠豆分別淘洗乾淨，用清水浸泡4~6小時；紅棗洗淨，用溫水浸泡半小時，去核；枸杞洗淨。
2. 將全部食材倒入全自動豆漿機中，加水至上、下水位線之間，按下「米漿」鍵，煮至豆漿機提示米漿做好即可。

特別提醒

此款米漿可作為中老年人的早餐食用，補益效果很好。

養生功效解析

花生		紅棗		潤養五臟，
滋陰潤肺、健腦益智	➕	補氣養血、健脾益胃	＝	補肺氣，健腦

白米30克　薏仁30克　熟核桃10克　熟黑芝麻10克

熟杏仁10克　蜂蜜適量

薏仁芝麻雙仁米漿

養顏抗衰、調理臟腑

做法

1. 白米、薏仁洗淨，用清水浸泡2小時。
2. 將所有食材（除蜂蜜外）倒入全自動豆漿機中，加水至上、下水位線之間，按下「米漿」鍵，煮至豆漿機提示米漿做好，放置溫熱，加入蜂蜜攪勻即可。

養生功效解析

薏仁可清火養顏、利尿消腫，黑芝麻可烏黑髮絲、補益肝腎，二者搭配打製米漿有養顏抗衰、調理臟腑的功效。

特別提醒

核桃、黑芝麻和杏仁也可用生的，但不如事先炒過的味道香濃。

糙米花生杏仁漿

補血益氣、潤膚養顏

糙米50克　熟花生15克　杏仁10克　冰糖15克

做法

1. 糙米淘洗乾淨，用清水浸泡2小時。
2. 將糙米、熟花生、杏仁倒入全自動豆漿機中，加水至上、下水位線之間，按下「米漿」鍵，煮至豆漿機提示米漿做好，加入冰糖攪至溶化即可。

養生功效解析

糙米能夠補益中氣，增強體質，適用於貧血、便秘等症；花生、杏仁有滋潤皮膚、延緩衰老等功效，食用這款米漿可補血益氣、健脾益胃、潤膚養顏。

特別提醒

也可以先把糙米炒過再煮，香味更濃郁。

二米南瓜漿

健脾益胃、排毒養顏

白米30克　糯米30克　南瓜20克　紅棗10克

做法

1. 白米、糯米淘洗乾淨，用清水浸泡2小時；南瓜洗淨，去皮，除子，切成塊；紅棗洗淨，去核，切碎。
2. 將白米、糯米、紅棗碎和南瓜粒倒入全自動豆漿機中，加水至上、下水位線之間，按下「米漿」鍵，煮至豆漿機提示米漿做好即可。

養生功效解析

糯米可溫暖脾胃，補益中氣，適用於脾胃虛寒、食欲缺乏等症狀，南瓜可豐肌美膚，促進新陳代謝，二者同時食用可健脾益胃、排毒養顏。

特別提醒

此款米漿具有潤肺、滋陰、養顏的功效，尤其適合女性在秋季食用。

胡蘿蔔綠豆米漿

解緩視力疲勞、清肝明目

白米40克　胡蘿蔔20克　綠豆20克　去心蓮子10克

做法

1. 綠豆洗淨，用清水浸泡4～6小時；白米淘洗乾淨，浸泡2小時；胡蘿蔔洗淨，切丁；蓮子用清水泡軟，洗淨。
2. 將白米、綠豆、去心蓮子和胡蘿蔔粒倒入全自動豆漿機中，加水至上、下水位線之間，按下「米漿」鍵，煮至豆漿機提示米漿做好即可。

養生功效解析

胡蘿蔔富含胡蘿蔔素，可保護眼睛健康；綠豆也有清肝明目的功效。

白米30克　鮮玉米粒30克　綠豆25克

玉米綠豆漿

利尿消腫、防治心血管疾病

做法

1. 白米淘洗乾淨，浸泡2小時；綠豆淘洗乾淨，用清水浸泡4～6小時；鮮玉米粒洗淨。
2. 將全部食材倒入全自動豆漿機中，加水至上、下水位線之間，按下「米漿」鍵，煮至豆漿機提示米漿做好即可。

養生功效解析

玉米對高血壓、動脈硬化等心血管疾病有很好的防治作用，綠豆可利尿、消腫，對腎炎、糖尿病有輔助治療作用。

特別提醒

玉米粒也可泡軟後再煮，但味道不如鮮玉米來的清甜。

綠豆40克　蕎麥25克　熟花生20克

蓮子20克　冰糖15克

清肝明目漿

清熱解毒、明目降壓

做法

1. 綠豆洗淨，浸泡4～6小時；蕎麥淘洗乾淨，浸泡2小時；蓮子用清水浸泡2小時，洗淨，去心。
2. 將所有食材倒入全自動豆漿機中，加水至上、下水位線之間，按下「米漿」鍵，煮至豆漿機提示米漿做好，加入冰糖攪拌至溶化即可。

養生功效解析

此款米漿有清肝明目、清熱解毒、降血壓的作用，還適合咳嗽、痰多、消化不良者食用。

紅豆蓮子米漿

補血益氣、養心安神

 紅豆20克　 蓮子30克　 紅棗5克　白米20克

 熟黑芝麻30克　冰糖15克

做法

1. 紅豆洗淨，浸泡4～6小時；白米淘洗乾淨，浸泡2小時；紅棗、蓮子洗淨，用水浸泡半小時，紅棗去核，蓮子去心。
2. 將上述食材及黑芝麻倒入全自動豆漿機中，加水至上、下水位線之間，按下「米漿」鍵，煮至豆漿機提示米漿做好，加入冰糖攪至溶化即可。

養生功效解析

紅豆可補氣血，消水腫，蓮子可健脾潤肺，養心安神，這款米漿可補血益氣，尤其適合於妊娠水腫者飲用。

紅豆山楂米漿

排毒、消脂

 紅豆50克　白米50克　 山楂10克　 紅糖15克

做法

1. 紅豆洗淨，浸泡4～6小時；白米淘洗乾淨，浸泡2小時；山楂洗淨，浸泡半小時，去核。
2. 將全部食材倒入全自動豆漿機中，加水至上、下水位線之間，按下「米漿」鍵，煮至豆漿機提示米漿做好，加入紅糖攪至溶化即可。

養生功效解析

紅豆可消腫、排毒、利尿、淨化血液，山楂富含有機酸，可降低血膽固醇含量，二者搭配食用有消腫排毒、降低血脂的作用。

特別提醒

山楂含果酸較多，胃酸分泌過多者不宜飲用這款豆漿。

南瓜80克　黃豆30克　白米30克　冰糖15克

黃豆南瓜米漿

補血益氣、促進胎兒發育

做法

1. 黃豆洗淨，用清水浸泡8～12小時；白米淘洗乾淨，浸泡2小時；南瓜洗淨，去皮、去瓤、去子，切小塊。
2. 將上述食材倒入全自動豆漿機中，加水至上、下水位線之間，按下「米漿」鍵，煮至豆漿機提示米漿做好，加入冰糖攪至溶化即可。

養生功效解析

黃豆可以補氣血、促發育、提高智力，南瓜可補血益氣，促進胎兒發育，適合孕婦飲用，能幫助有早產徵兆的孕婦促進食慾。

糙米60克　熟花生10克　蕎麥米20克　紅糖5克

糙米蕎麥米漿

促進膽固醇代謝

做法

1. 糙米、蕎麥分別淘洗乾淨，用清水浸泡2小時。
2. 將糙米、蕎麥、熟花生倒入全自動豆漿機中，加水至上、下水位線之間，按下「米漿」鍵，煮至豆漿機提示米漿做好，加入紅糖攪至溶化即可。

養生功效解析

此款米漿可補益中氣，健脾益胃，促進血液循環和膽固醇的代謝。

胡蘿蔔核桃米漿

白米50克　胡蘿蔔30克　核桃30克　牛奶200cc

做法

1. 白米淘洗乾淨，用清水浸泡2小時；胡蘿蔔洗淨，切小塊。

2. 將白米、胡蘿蔔、核桃倒入全自動豆漿機中，加水至上、下水位線之間，按下「米漿」鍵，煮至豆漿機提示米漿做好，加入牛奶攪勻即可。

養生功效解析

胡蘿蔔富含胡蘿蔔素，對保護視力大有好處，核桃可補腎固精，適用於腎虛、尿頻、咳嗽等症，這款米漿可護眼、補腎，很適合男性飲用。

核桃腰果米漿

白米30克　小米30克　核桃10克　腰果20克

紅棗5克　桂圓5克　冰糖10克

做法

1. 白米、小米分別淘洗乾淨，用清水浸泡2小時；核桃、腰果切碎；紅棗洗淨，用溫水浸泡半小時，去核；桂圓去皮、去核。

2. 將上述食材倒入全自動豆漿機中，加水至上、下水位線之間，按下「米漿」鍵，煮至豆漿機提示米漿做好，加入冰糖攪至溶化即可。

特別提醒

腰果要選擇色澤白、形狀飽滿、氣味香、無斑點的，如果會黏手或者受潮，表示不夠新鮮，會影響米漿的香味和營養。

養生功效解析

核桃可健脾暖胃，補腎固精，養心潤肺，腰果可補腎、健脾、補腦、養血、補氣。

白米30克　　蓮子20克　　熟花生20克

黃豆20克　　冰糖10克

蓮子花生漿

和胃潤肺、滋補氣血

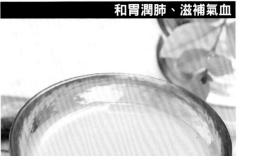

做法

1. 黃豆淘洗乾淨，用清水浸泡8～12小時；白米、蓮子分別洗淨，浸泡2小時。

2. 將上述食材及花生倒入全自動豆漿機中，加水至上、下水位線之間，按下「米漿」鍵，煮至豆漿機提示米漿做好，加入冰糖攪至溶化即可。

養生功效解析

蓮子可健脾潤肺，止咳化痰，養心安神，花生能補腎、補虛、養血補氣，二者同時食用可和胃潤肺、滋補氣血。

特別提醒

此款米漿中的花生仁不要去掉紅外衣，適合身體虛弱的出血症患者食用。

紅豆20克　　燕麥片　　熟黑芝麻　　冰糖10克
　　　　　　30克　　　10克

小米30克

紅豆燕麥小米漿

健脾去濕、消除水腫

做法

1. 紅豆淘洗乾淨，用清水浸泡4～6小時；小米淘洗乾淨，浸泡2小時；燕麥片洗淨。

2. 將紅豆、燕麥片、黑芝麻、小米倒入全自動豆漿機中，加水至上、下水位線之間，按下「米漿」鍵，煮至豆漿機提示米漿做好，加入冰糖攪拌至溶化即可。

養生功效解析

此款米漿有健脾去濕、補益氣血及消除水腫等功效，特別適合妊娠水腫者食用。

特別提醒

腸胃不適者可適當多進食此款米漿，能通氣、生津、促進腸胃蠕動。

健康好喝蔬果汁

巧用豆漿機製作蔬果汁

製作蔬果汁的工具有很多，例如手動壓汁機、自動壓汁機、自動柳橙機、榨汁機等，用這些工具都可以製作美味的蔬果汁。這裡我們主要介紹用豆漿機來製作蔬果汁的方法，因為在現代家庭中，全自動豆漿機越來越普及，把豆漿機的功能發揮到最大限度，可以做到物盡其用，也免去了購買各類小電器的負擔。

用豆漿機製作蔬果汁的方法十分簡便易行，首先需要選對食材，然後對食材進行必要的清洗、去皮、切塊等準備，再按照合適的用量和比例放到豆漿機中，接著選擇「蔬果汁」功能即可。蔬果汁製好以後，可根據個人口味加入一些佐料來調整味道。

另外，在製作蔬果汁時可做多種變化組合，讓營養互補均衡，以及滿足對口感的追求。比如水果與水果之間的不同組合，蔬菜與蔬菜之間的不同組合，以及水果與蔬菜之間的不同組合，都能變換出不一樣的味道，達到保健、美容、減肥等效果。

用豆漿機製作蔬果汁

1. 將水果、蔬菜切好備用。

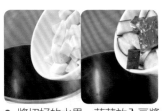

2. 將切好的水果、蔬菜放入豆漿機中，加入適量飲用水（可直接飲用的，也可用純牛奶、優酪乳等代替飲用水）。

3. 按下「蔬果汁」鍵，待豆漿機提示做好後倒出，可加入蜂蜜等調味。

讓蔬果汁更好喝、更健康的小秘訣

一、選擇新鮮蔬果

新鮮蔬果營養價值高，擱置久了，營養含量尤其是維生素的含量就會流失，甚至完全破壞。

二、徹底清洗乾淨

蔬果的外皮，外皮也富含營養，能帶皮食用的蔬果儘量不去皮，但是一定要清洗乾淨，以免有農藥殘留。

三、現做現喝

蔬果汁儘量現做現喝，這樣才能夠將營養的全面的吸收，否則與空氣接觸太久，維生素容易受損。當然，如果想喝冰涼的蔬果汁，也可放入冰箱冷藏後飲用。

四、早上喝易吸收

早上飲用一杯蔬果汁，可以讓人神清氣爽，盡量避免睡前喝，否則會增加腎臟的負擔。

五、連渣一起喝

蔬果汁的渣滓中含有大量的膳食纖維，最好連同汁液一起喝掉，或者也可以過濾出來，用於製作蛋糕、鬆餅等。

六、加料調味

有些食材如果不加水直接打製，汁液比較黏稠，如果不喜歡黏稠口感可加入牛奶、優酪乳或礦泉水稀釋，也可以加入適量蜂蜜等調味。

七、多種蔬果搭配

瞭解蔬菜與水果之間的相宜相克原則，儘量多變換種類來搭配，營養會更加均衡、全面。

用牙膏洗蘋果

1. 在蘋果表面擠少許牙膏，輕輕搓洗。

2. 用軟毛牙刷刷洗蘋果的果蒂與果臍。

3. 再用清水稍微浸泡，洗淨。

用牙膏洗葡萄

1. 用剪刀將葡萄剪下，不要剪到皮。

2. 擠一些牙膏在手上。

3. 輕搓雙手至起泡沫。

4. 輕輕搓洗葡萄。

5. 將用牙膏洗過的葡萄用清水洗淨。

6. 洗淨後撈出備用。

葡萄250克

做法

1. 葡萄洗淨，切成兩半後去子，倒入全自動豆漿機中，淋入適量涼的飲用水，按下「蔬果汁」，攪打均勻後倒入杯中即可。

葡萄汁

補氣養血、延緩衰老

養生功效解析

葡萄除了可滋補氣血、強心健體之外，還含有豐富的花青素，可有效抗氧化，延緩衰老。

特別提醒

葡萄中的抗氧化成分主要存在於葡萄皮中，所以最好選擇顏色深的葡萄，連同果皮一起打成果汁。

木瓜150克　檸檬60克

做法

1. 木瓜、檸檬分別去皮，去子，切小塊。
2. 將木瓜塊和檸檬塊倒入全自動豆漿機中，加入適量的冷開水，按下「蔬果汁」鍵，攪打均勻後倒入杯中即可。

木瓜檸檬汁

幫助消化、預防便秘

養生功效解析

此款果汁富含膳食纖維、礦物質及維生素C，可助消化，減輕便秘症狀。

特別提醒

如果覺得檸檬味道太酸，可以加入蜂蜜調味。

🍅 草莓火龍果汁

緩和情緒

草莓50克　火龍果400克　蜂蜜適量

做法

1. 草莓洗淨，去蒂，切塊；火龍果去皮，切小塊。
2. 將草莓塊和火龍果塊倒入全自動豆漿機中，加入少量冷開水，按下「蔬果汁」鍵，攪打均勻後倒入杯中，加入蜂蜜調味即可。

養生功效解析

草莓富含維生素C，可開胃、助消化，火龍果富含膳食纖維，含糖少，熱量低，可清熱降火，對撫平焦慮的情緒有好處，適合好動的小孩飲用。

特別提醒

火龍果味道清淡，如果想要甜一些，可選擇果皮火紅、外皮葉芽間距大的，味道較好。

🍅 熱帶風情混合果汁

助消化、瘦身美容

芒果100克　鳳梨40克　木瓜75克　鹽少許

做法

1. 芒果去皮、去核，切塊；鳳梨去皮，切小塊，放入鹽水中浸泡15分鐘；木瓜去皮、去子，切小塊。
2. 將上述食材倒入全自動豆漿機中，加入少量冷開水，按下「蔬果汁」鍵，攪打均勻後倒入杯中即可。

養生功效解析

芒果是少數富含蛋白質的水果之一，木瓜富含維生素和多種蛋白質，可促進脂肪代謝，延緩肌膚衰老。

特別提醒

如果想要達到瘦身塑形的效果，最好不要在此款果汁中加入糖。

芒果200克　鳳梨50克　草莓50克　鹽少許

芒果鳳梨草莓汁

促進食欲、助消化

做法

1. 芒果去皮、去核，切塊；鳳梨去皮，切小塊，放入淡鹽水中浸泡15分鐘；草莓洗淨，去蒂，切塊。
2. 將上述食材全部倒入全自動豆漿機中，加入少量冷開水，按下「蔬果汁」鍵，攪打均勻後倒入杯中即可。

養生功效解析

芒果香味濃郁，可促進食慾，鳳梨富含維生素C、膳食纖維及促進脂肪代謝的酶類，可幫助消化，促進脂肪代謝。

特別提醒

在減肥過程中喝一杯濃稠的果汁，不僅可以代替零食，還能刺激味覺。

綠花椰菜50克　芹菜葉5片　蘋果100克　蜂蜜適量

綠花椰菜汁

預防基因突變，防癌抗癌

做法

1. 綠花椰菜洗淨，切小塊；芹菜葉洗淨，切碎；蘋果洗淨，去皮、去核，切小塊。
2. 將上述食材倒入全自動豆漿機中，加入適量的冷開水，按下「蔬果汁」鍵，攪打均勻後倒入杯中，加入蜂蜜攪勻即可（亦可加入冰塊飲用）。

養生功效解析

綠花椰菜含有豐富的花青素和胡蘿蔔素，可有效預防DNA突變，從而達到防癌抗癌的作用。

特別提醒

情緒不穩定或壓力大者也可飲用此蔬果汁，能夠幫助解悶鎮靜。

番茄汁

開胃、消水腫

番茄200克　蜂蜜適量

做法

1. 番茄洗淨，去蒂，去皮，切塊。
2. 將番茄塊倒入全自動豆漿機中，加入少量冷開水，按下「蔬果汁」鍵，攪打均勻後倒入杯中，加入蜂蜜調味即可。

養生功效解析

番茄富含維生素和鉀，不僅熱量低，還可開胃，更可幫助平衡體內的鈉離子含量，減輕水腫症狀。

特別提醒

容易水腫的女性可在製作番茄汁時加入適量西瓜，幫助身體水分代謝，消除水腫效果更好。

山藥黃瓜汁

健脾補虛、強精固腎

山藥100克　黃瓜50克　檸檬30克　蜂蜜適量

做法

1. 山藥洗淨，去皮，切碎，汆燙；黃瓜洗淨，切小塊；檸檬去皮、去子。
2. 將上述食材倒入全自動豆漿機中，加入少量的冷開水，按下「蔬果汁」鍵，攪打均勻後倒入杯中，加入蜂蜜調味即可。

養生功效解析

此款蔬果汁營養豐富，可健脾胃、補虛損、固腎氣，對預防腎臟疾病有良好功效。

特別提醒

腎臟虛弱而容易水腫的人可增加黃瓜的分量，因為黃瓜含鉀，可幫助體內鹽分代謝，減輕腎臟負擔。

蘋果200克　　萵筍葉5片　　檸檬30克　　蜂蜜適量

蘋果萵筍汁

排毒瘦身，有益智力發育

做法

1. 蘋果洗淨，去皮、核，切小塊；萵筍葉洗淨，切碎；檸檬去皮、去子。
2. 將上述食材倒入全自動豆漿機中，加入少量的冷開水，按下「蔬果汁」鍵，攪打均勻，過濾後倒入杯中，加入蜂蜜調味即可。

養生功效解析

萵筍含有豐富的膳食纖維及維生素E、葉酸、礦物質，能量低，可提高神經細胞活性；蘋果含有豐富的膳食纖維和礦物質，可排毒減肥，增強記憶力。

特別提醒

如果想要攝取更多的膳食纖維，達到更好的排腸毒效果，最好不要過濾。

葡萄50克　　蘆筍200克　　蜂蜜適量

葡萄蘆筍汁

抗氧化、防衰老、抗癌

做法

1. 葡萄洗淨，去核；蘆筍洗淨，切小段。
2. 將上述食材倒入全自動豆漿機中，加入少量的冷開水，按下「蔬果汁」鍵，攪打均勻後倒入杯中，加入蜂蜜調味即可。

養生功效解析

葡萄含有豐富的花青素等抗氧化物質，可有效延緩衰老；蘆筍能有效防治高血壓及其他心血管疾病，還能防癌抗癌。

特別提醒

葡萄表面的白色粉霜並不是殘留的農藥，是葡萄特有的果粉，對人體無害。

西芹菠菜汁

降血壓，預防心血管疾病

 西芹100克　 菠菜50片

 胡蘿蔔50克　 牛奶200cc

做法

1. 西芹、胡蘿蔔分別洗淨，切小段；菠菜入開水中燙一下，撈出用冷水沖洗後切小段。
2. 將切好的食材同牛奶一起倒入全自動豆漿機中，按下「蔬果汁」鍵，攪打均勻後倒入杯中即可。

特別提醒

芹菜性涼質滑，脾胃虛寒者慎食。

養生功效解析

西芹		菠菜		
富含膳食纖維，降血壓效果顯著		富含鎂離子，可預防多種心血管疾病		降血壓、預防心血管疾病

紫甘藍80克

番茄60克

胡蘿蔔50克

檸檬30克

白糖15克

營養蔬菜汁

美白潤膚、瘦身

做法

1. 紫甘藍、胡蘿蔔分別洗淨，切小塊；番茄洗淨，去皮，切塊；檸檬去皮、去子。
2. 將上述食材一起倒入全自動豆漿機中，加入適量冷開水，按下「蔬果汁」鍵，攪打均勻後倒入杯中，加入白糖攪拌至溶化即可。

特別提醒

此款蔬果汁尤其適合剛生產完，需要護膚養顏的媽媽們飲用。

養生功效解析

紫甘藍		番茄		
富含膳食纖維和花青素，抗氧化及瘦身效果顯著	✚	富含維生素C和多種酶，可美白、瘦身	＝	美白潤膚、瘦身

PART
4

全方位養生 豆漿、米漿、蔬果汁

《黃帝內經》中說：」脾胃者，倉廩之官，五味出焉」。胃主受納，脾司運化，食物進入體內的消化吸收，都離不開脾胃的運作。而飲食不節制、經常喝冷飲或吃冰冷的食物等會導致脾胃失和，因此調理脾胃，適當的膳食是根本。

健脾胃

（飲食原則） ✔ 高蛋白 ✔ 高維生素 ✘ 辛辣 ✘ 油膩

（健脾胃的明星食材）

食材	性味歸經	功效
玉米	性平，味甘，入肝、膽、膀胱經	調中開胃、清濕熱、延緩衰老、防癌抗癌
糯米	性溫，味甘，入脾、胃、肺經	補中益氣、健脾養胃，改善腹脹、腹瀉症狀
蘿蔔	性平，味甘，入胃、腎經	助消化止瀉，適用於腹中痞悶、消化不良

五穀優酪乳豆漿

黃豆50克　白米15克　小米15克　小麥仁15克

玉米渣15克　優酪乳200cc

開胃、助消化

做法

1. 黃豆及小麥仁用清水浸泡8～12小時，洗淨；白米、小米、玉米渣淘洗乾淨，用清水浸泡2小時。
2. 將上述食材一同倒入全自動豆漿機中，加水至上、下水位線之間，按下「豆漿」鍵，煮至豆漿機提示豆漿做好，過濾後放涼，加入優酪乳攪拌均勻即可。

特別提醒

此款豆漿一定要先放涼再加入優酪乳，否則會破壞優酪乳中的營養物質。

養生功效解析

| 玉米
可促進腸胃蠕動，具有調中開胃的功效 | + | 優酪乳
開胃、助消化，增強胃腸動力 | = | 開胃、助消化 |

糯米漿

輔助治療脾胃氣虛、腹瀉

白米30克　　糯米60克　　冰糖15克

做法

1. 白米、糯米淘洗乾淨，用清水浸泡2小時。
2. 將白米、糯米倒入全自動豆漿機中，加水至上、下水位線之間，按下「米漿」鍵，煮至豆漿機提示米漿做好後加入冰糖攪拌至溶化即可。

養生功效解析

糯米可溫暖脾胃、補益中氣，大米可益氣、通血脈、補脾養陰，這款豆漿適用於脾胃虛寒、食慾缺乏等症狀。

特別提醒

糯米漿宜熱時食用，一次不宜食用過多，以免脹氣。

鳳梨優酪乳

開胃、助消化

鳳梨150克　　優酪乳200克　　鹽少許

檸檬30克　　蜂蜜適量

做法

1. 鳳梨去皮，切小塊，入鹽水浸泡15分鐘；檸檬去皮、去子，切塊。
2. 將所有材料一起倒入全自動豆漿機中，按下「蔬果汁」鍵，攪打均勻後倒入杯中加入優酪乳即可。

養生功效解析

優酪乳可健脾胃、助消化，增加腸道益生菌，鳳梨有開胃、助消化的作用，這款飲品可有效改善便秘。

《黃帝內經》強調養心護心的關鍵是「恬虛無」，即保持平淡
寧靜、樂觀豁達的心境。另外，在飲食方面，很多食材也具有
清心安神、滋陰清熱、健身延年的作用，可有效解緩心神不
寧、心悸失眠、精神倦怠、心慌氣短等症狀。

護心

飲食原則　✔ 紅色食物　✔ 高膳食纖維　✖ 高糖　✖ 高鹽

護心的明星食材

食材	性味歸經	功效
紅棗	性平，味甘，入脾、胃經	補益脾胃、滋陰養血、養心安神
小米	性涼，味甘，入脾、胃、腎經	和中益氣、滋陰養血、安神助眠
燕麥	性平，味甘，入肝、脾、胃經	養心、益脾、和胃、斂汗

黃豆50克　小米30克　紅棗20克

小米紅棗豆漿

養心、安神、補虛

做法

1. 黃豆用清水浸泡8～12小時，洗淨；小米用清水浸泡2小時，洗淨；紅棗洗淨，去核，切碎。
2. 把上述食材一同倒入全自動豆漿機中，加水至上、下水位線之間，按下「豆漿」鍵，煮至豆漿機提示豆漿做好即可。

特別提醒

喝這款豆漿不宜同時過多食用桂圓、荔枝等性質溫熱的食物，否則容易上火。

養生功效解析

小米 安神補虛，適用於體虛者	＋	紅棗 有增加心肌收縮力、改善心肌營養的作用	＝	養護心肌、安神補虛，預防心臟病

紅棗燕麥糙米漿

改善血液循環，養心補血

 燕麥片30克　 糙米30克　 蓮子15克　 枸杞5克

 熟花生30克　 紅棗10克　 冰糖10克

做法

1. 糙米淘洗乾淨，用清水浸泡8～12小時；紅棗用溫水浸泡半小時，洗淨，去核；蓮子用清水浸泡2小時，洗淨，去子；枸杞洗淨，泡軟；燕麥片洗淨。
2. 將所有食材（除冰糖外）倒入全自動豆漿機中，加水至上、下水位線之間，按下「米漿」鍵，煮至豆漿機提示米漿做好，加入冰糖攪拌至溶化即可。

養生功效解析

此款米漿可改善血液循環，增強心臟活力、補血養心、解緩壓力、健脾益胃。

芒果檸檬汁

斂汗去濕、養心健脾

 芒果100克　 柳橙100克　 檸檬60克

做法

1. 芒果去皮、核，切塊；檸檬、柳橙分別去皮、去子，切塊。
2. 將上述食材全部倒入全自動豆漿機中，加入少量的冷開水，按下「蔬果汁」鍵，攪打均勻後倒入杯中即可。

養生功效解析

此款果汁味道酸甜，可斂汗去濕，防止流汗過多傷陰耗氣，還可養心健脾。

特別提醒

此款果汁能刺激味覺，促進食欲，還可促進脂肪代謝。

肝具有調暢全身氣機的作用。春季是一年中養肝護肝的最佳時節，此時補充一些養肝護肝的食物，促進肝氣循環，舒緩肝鬱的效果會更明顯。

益肝

飲食原則 ✔ 綠色食物 ✔ 鹼性食物 ✘ 高脂 ✘ 辛辣

益肝的明星食材

食材	性味歸經	功效
綠豆	性寒，味甘，入心、胃經	清熱、去暑、解毒、利水
枸杞	性平，味甘，入肝、腎經	養肝滋腎、益精明目，可治肝腎陰虧
胡蘿蔔	性微寒，味微苦，入肝、胃、肺經	補肝益肺、健脾利尿、去風散寒

綠豆50克　黑米20克　青豆20克

黑米雙豆豆漿

養肝、護肝、明目

做法

1. 綠豆、青豆用清水浸泡4～6小時，洗淨；黑米淘洗乾淨，用清水浸泡2小時。
2. 把上述食材一同倒入全自動豆漿機中，加水至上、下水位線之間，按下「豆漿」鍵，煮至豆漿機提示豆漿做好即可。

特別提醒

消化能力弱的人宜將黑米用水泡軟後再打豆漿，這樣黑米容易攪打得細碎，有助於消化。

養生功效解析

黑米		青豆		
養肝明目、補益脾胃、滋陰補腎	＋	綠色食物入肝經，可以發揮養肝、護肝的作用	＝	養肝護肝、滋陰明目

● 杞棗雙豆豆漿

增強肝臟解毒能力

黃豆50克　綠豆20克　紅棗10克　枸杞10克

做法

1. 黃豆用清水浸泡8～12小時，洗淨；綠豆淘洗乾淨，用清水浸泡4～6小時；枸杞子洗淨，泡軟，切碎；紅棗洗淨，去核，切碎。
2. 把上述食材一同倒入全自動豆漿機中，加水至上、下水位線之間，按下「豆漿」鍵，煮至豆漿機提示豆漿做好即可。

養生功效解析

綠豆可清肝明目、增強肝臟解毒能力，枸杞可滋補肝腎、補血益氣，一同打製豆漿後有養肝護肝、補益氣血的功效。

● 胡蘿蔔梨汁

降壓、降脂、護肝

胡蘿蔔80克　雪梨100克　蜂蜜適量

做法

1. 胡蘿蔔洗淨，切小段；雪梨洗淨，去皮、去核，切塊。
2. 將切好的食材一起倒入全自動豆漿機中，加入適量的冷開水，按下「蔬果汁」鍵，攪打均勻後倒入杯中加入蜂蜜攪勻即可。

養生功效解析

此款蔬果汁有降壓、降脂的功效，可預防脂肪肝，尤其適合有高血壓、高血脂症的中老年人飲用。

特別提醒

此款蔬果汁中還可加入香瓜，不但味道更好，而且有除煩止渴、利尿消腫的功效。

中醫認為，腎主生長、發育、生殖、納氣、水液代謝，腎虧精損易引起身體臟腑功能失調。補腎要在平時的飲食中就多加注意，多食用一些有補腎功效的食物，尤其是黑色食物對腎的滋養和呵護效果十分顯著。

補腎

(飲食原則) ✔ 黑色食物 ✘高鹽 ✘ 刺激性食物 ✘ 寒涼食物

(補腎的明星食材)

食材	性味歸經	功效
黑豆	性平，味甘，入脾、腎經	補腎益陰、消腫下氣、活血利水、明目健脾
黑米	性平，味甘，入脾、胃經	滋陰補腎、健身暖胃、明目活血
黑芝麻	性平，味甘，入肝、腎、大腸經	補肝腎、益精血、潤腸燥

三黑豆漿

黑豆50克　黑米20克　花生10克

黑芝麻10克　白糖10克

強腎氣

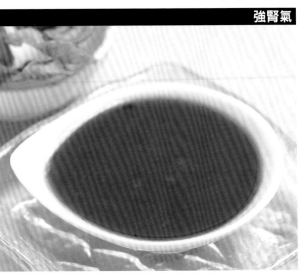

做法

1. 黑豆用水浸泡8~12小時，洗淨；黑米淘洗乾淨，用清水浸泡2小時；花生洗淨；黑芝麻洗淨，瀝乾水分，搗碎。

2. 把花生、黑芝麻、黑豆和黑米一同倒入全自動豆漿機中，加水至上、下水位線之間，按下「豆漿」鍵，煮至豆漿機提示豆漿做好，加白糖調味即可。

特別提醒

慢性腎病患者在腎衰竭時不宜飲用黑豆做成的豆漿，因為黑豆是高蛋白食品，會增加腎臟負擔。

養生功效解析

黑豆		黑米		
滋補腎陰，改善老年人體虛乏力的狀況		滋陰補腎、健身暖胃，對頭昏目眩、貧血白髮、腰膝酸軟等症狀療效尤佳		滋陰補腎，改善體虛症狀

黑豆黑米漿

滋補肝腎、補益氣血

黑米30克　　黑豆80克

做法

1. 黑豆洗乾淨，用清水浸泡10小時；黑米淘洗乾淨，浸泡2小時。
2. 將全部食材倒入全自動豆漿機中，加水至上、下水位線之間，按下「米漿」鍵，煮至豆漿機提示米漿做好即可。

養生功效解析

此款米漿可補益中氣、增強體質、滋補肝腎，適用於貧血乏力等症狀。

特別提醒

此米漿還有開胃、健脾、活血、明目等功效，適合女性食用。

 # 番茄柳橙汁

護腎利尿

番茄150克　　柳橙80克　　蜂蜜適量

做法

1. 番茄洗淨，去皮，切塊；柳橙去皮、去子，切塊。
2. 將上述食材一起倒入全自動豆漿機中，加入適量的冷開水，按下「蔬果汁」鍵，攪打均勻後倒入杯中，加入蜂蜜攪勻即可。

養生功效解析

此款蔬果汁富含維生素及礦物質，可護腎利尿，提高身體免疫力。

特別提醒

飲用此款蔬果汁還可補充維生素B1，有效改善睡眠品質。

中醫認為，「肺主氣」，「肺朝百脈，助心行血」，意思是肺能使百脈之氣血如潮水般有規律地週期運行，但是「肺乃嬌臟，最易受邪」。所以我們在日常飲食中要多食用有潤肺功效的食材，保護肺部健康。

潤肺

飲食原則　✔ 白色食物　✔ 清淡　✘ 生冷　✘ 抽煙　✘ 飲酒

潤肺的明星食材

食材	性味歸經	功效
百合	性微寒，味甘，入心、肺經等症狀	潤燥清熱、潤肺止咳，適用於肺燥或肺熱咳嗽
蓮子	性平，味甘，入脾、腎、心經	清肺火、養心神、健脾胃
枇杷	性平，味甘，入肺、胃經	清熱、生津、止咳，適用於肺熱咳嗽、久咳不癒、喉乾口渴等症狀

黃豆50克　鮮百合15克　蓮子25克

百合蓮子豆漿

潤肺、止咳、化痰

做法

1. 黃豆用清水浸泡8～12小時，洗淨；百合洗淨，切碎；蓮子洗淨，泡軟。

2. 將上述食材一同倒入全自動豆漿機中，加水至上、下水位線之間，按下「豆漿」鍵，煮至豆漿機提示豆漿做好即可飲用。

養生功效解析

百合		蓮子		
滋陰，清肺熱，除肺燥		健脾潤肺、止咳化痰、養心安神		清肺熱，止咳化痰

百合薏仁漿

薏仁50克　鮮百合30克　冰糖10克

做法

1. 薏仁淘洗乾淨，用清水浸泡2小時；鮮百合洗淨，剝成小片。
2. 將薏仁、百合倒入全自動豆漿機中，加水至上、下水位線之間，按下「米漿」鍵，煮至豆漿機提示米漿做好，加入冰糖攪拌至溶化即可。

養生功效解析

此款薏仁漿可清火、潤肺、止咳，對肺熱咳嗽等症狀有良好的輔助治療作用。

潤肺枇杷汁

潤肺、止咳、化痰

枇杷6個　蜂蜜適量

做法

1. 枇杷洗淨，去皮、去子，切塊。
2. 將切好的枇杷倒入全自動豆漿機中，加入適量的冷開水，按下「蔬果汁」鍵，攪打均勻後倒入杯中，加入蜂蜜攪勻即可。

養生功效解析

此款果汁有顯著的止咳化痰、滋陰潤肺的功效，適合聲音暗啞、咳嗽等症狀。

特別提醒

在此款果汁中加入檸檬汁，還可有效預防感冒，改善感冒初期不適症狀。

氣虛常導致血虛，血虛亦常伴氣虛。因此，氣血補養應同時兼顧。補氣血，最好的方法就是多攝取具有補心氣、補脾胃、補肺氣、養肝陽功效的食物，多進食溫和細軟的食物，忌食生冷寒涼、辛辣刺激的食物。

補氣血

飲食原則　✔ 溫和細軟　✔ 清淡　✘ 生冷　✘ 抽煙　✘ 飲酒　✘ 燻製食物

補氣血的明星食材

食材	性味歸經	功效
桂圓	性溫，味甘，入心、脾經	補脾養血、補心安神、補虛長智
紅棗	性平，味甘，入脾、胃經	滋陰養血、補益脾胃、養心安神
葡萄	性平，味甘、酸，入肺、脾、腎經	補氣血、益肝腎、生津液、強筋骨、利小便
菠菜	性涼，味甘、辛，入腸、胃經	補充氣血、通血脈、止渴潤燥

黃豆60克　桂圓15克　紅棗15克　冰糖10克

桂圓紅棗豆漿

益心脾、補氣血

做法

1. 黃豆用清水浸泡8~12小時，洗淨；桂圓去殼、核；紅棗洗淨，去核，切碎。

2. 把上述食材一同倒入全自動豆漿機中，加水至上、下水位線之間，按下「豆漿」鍵，煮至豆漿機提示豆漿做好，過濾後加入冰糖，攪拌至溶化即可。

特別提醒

孕婦不宜飲用此款豆漿。

養生功效解析

| 桂圓
益心脾、安心神 | ＋ | 紅棗
安五臟、補氣血 | ＝ | 健脾、補血、益氣 |

葡萄小米綠豆漿

補血、益氣、滋陰

綠豆40克　小米30克　葡萄乾15克

做法

1. 綠豆用清水浸泡4～6小時，洗淨；小米用清水浸泡2小時，洗淨；葡萄乾洗淨。
2. 把上述食材一同倒入全自動豆漿機中，加水至上、下水位線之間，按下「豆漿」鍵，煮至豆漿機提示豆漿做好，過濾即可。

特別提醒

此款豆漿，老人、病人、產婦適宜飲用，氣滯者忌用。

養生功效解析

小米富含鐵及多種蛋白質和維生素，可滋陰養血；葡萄富含葡萄糖及多種維生素，可補益氣血、益肝養陰。

胡蘿蔔菠菜梨汁

補氣血、養脾胃

胡蘿蔔50克　菠菜100克　雪梨50克　蘋果25克

檸檬30克　蜂蜜適量

做法

1. 胡蘿蔔洗淨，切小段；菠菜汆燙後過冷水，然後切小段；雪梨、蘋果洗淨，去皮、去核，切塊；檸檬去皮、去子。
2. 將切好的食材一起倒入全自動豆漿機中，加入適量涼飲用水，按下「蔬果汁」鍵，攪打均勻後倒入杯中，加入蜂蜜攪勻即可。

養生功效解析

胡蘿蔔富含 β 胡蘿蔔素和維生素C，菠菜含鐵、鈣、維生素C和維生素K，二者同時食用可補血養脾，令皮膚滋潤有光澤。還可補充水分和體力，適合在劇烈運動後飲用。

上火的症狀主要表現為口乾舌燥、面紅耳赤、大便乾結、小便短赤、五心煩熱、舌紅苔或黃燥。在日常的飲食調理中，可以有針對性地選擇寒涼性質的食材來涼血、瀉火、解毒，同時少吃容易上火的辛辣、刺激性食物。

去火

飲食原則 ✔ 涼性食物 ✔ 清淡 ✘ 抽煙 ✘ 飲酒 ✘ 油炸食物

去火的明星食材

食材	性味歸經	功效
綠茶	性微寒，味甘，入心、肺、胃經	清熱降火、除煩消渴、抗衰防癌
紅豆	性平，味甘、酸，入心、小腸經	清熱解毒、利濕消腫、健脾利水
苦瓜	性寒，味苦，入脾、胃經	清暑去熱、解毒明目

 黃豆50克   綠豆20克   綠茶10克   乾百合10克

 冰糖10克

綠茶百合豆漿

降火安神、清熱解暑

做法

1. 黃豆、綠豆用清水浸泡8～12小時，洗淨；綠茶洗淨灰塵；乾百合洗淨，泡軟。
2. 把所有食材（除冰糖外）一同倒入全自動豆漿機中，加水至上、下水位線之間，按下「豆漿」鍵，煮至豆漿機提示豆漿做好，過濾後加冰糖攪拌至溶化即可。

特別提醒

孕婦及服用含有硫酸亞鐵藥物的病人不宜飲用此款豆漿。

養生功效解析

綠茶		百合		
疏肝理氣、清熱降火、抗輻射	＋	性微寒，有清火、潤肺、安神的效果	＝	降肝火、平心緒，適合夏季飲用

紅豆小米漿

清熱去火

紅豆50克　　小米40克　　核桃5克　　蜂蜜適量

做法

1. 紅豆用清水浸泡4～6小時，洗淨；小米淘洗乾淨，用清水浸泡2小時；核桃洗淨。
2. 將上述食材一同倒入全自動豆漿機中，加水至上、下水位線之間，按下「米漿」鍵，煮至豆漿機提示米漿做好，加蜂蜜攪勻即可。

養生功效解析

紅豆能清熱去濕、消腫解毒、清心除煩、補血安神；小米可健胃助消化，輔助治療脾胃虛熱等症。此款米漿可養心神、調脾胃、清熱去火。

特別提醒

此款米漿還具有滋陰養血的功能，產婦適當多飲，可調養虛寒的體質，幫助體力恢復。

苦瓜蜂蜜薑汁

除邪熱，清心明目

苦瓜100克　　檸檬60克　　薑5克　　蜂蜜適量

做法

1. 苦瓜去子，切小塊；檸檬洗淨，去皮、去子。
2. 將所有食材倒入全自動豆漿機中，加入適量冷開水，按下「蔬果汁」鍵，攪打均勻後倒入杯中即可。

養生功效解析

此款蔬果汁可除邪熱，解疲乏，清心明目。

特別提醒

這款蔬果汁中加入蜂蜜可解緩苦瓜的苦味，有種苦中帶甜的獨特口感。

「濕」則分為外濕和內濕。外濕多因氣候潮濕、居處潮濕所致。內濕則多由嗜酒或過食生冷致脾陽失去運作所致，常見胸悶不適、小便不利等症狀。要想去濕邪，平日宜多吃具有健脾燥濕之效的食物來加強身體的抵抗力。

去濕

飲食原則　✔ 味甘食物　✔ 清淡　✘ 甜食　✘ 寒性食物

去濕的明星食材

食材	性味歸經	功效
薏仁	性涼，味甘、淡，入脾、肺、胃經	健脾滲濕、除痺止瀉，可用於治療水腫、小便不利
黃瓜	性涼，味甘，入脾、胃、大腸經	清熱利尿、利濕去痰
冬瓜	性性涼，味甘，入肺、大腸、小腸、膀胱經	清熱利水、下氣消痰，適用於水腫等症狀

綠豆30克　　紅豆30克　　薏仁30克

薏米雙豆豆漿

利濕、清熱解毒

做法

1. 薏仁淘洗乾淨，用清水浸泡2小時；綠豆、紅豆淘洗乾淨，用清水浸泡4～6小時。
2. 將浸泡好的綠豆、紅豆、薏仁一同倒入全自動豆漿機中，加水至上、下水位線之間，按下「豆漿」鍵，煮至豆漿機提示豆漿做好即可。

特別提醒

薏仁性涼，脾虛者宜把薏仁炒一下再使用，能去薏仁的涼性，健脾效果更好。

養生功效解析

紅豆 消腫、去濕、利尿	＋	薏仁 可健脾去濕、舒筋除痺	＝	清熱去濕效果顯著

冬瓜蘿蔔豆漿

有利於濕氣運化

黃豆40克　冬瓜30克　白蘿蔔30克　冰糖10克

做法

1. 黃豆用清水浸泡8～12小時，洗淨；冬瓜去皮，去子，洗淨，切小塊；白蘿蔔洗淨，切丁。
2. 將黃豆、白蘿蔔丁和冬瓜塊倒入全自動豆漿機中，加水至上、下水位線之間，按下「豆漿」鍵，煮至豆漿機提示豆漿做好，過濾後加冰糖攪拌至溶化即可。

特別提醒

如果不喜歡白蘿蔔的辛辣味，可以先將白蘿蔔加鹽醃漬10分鐘左右再使用。

養生功效解析

冬瓜有很好的清熱利濕效果，白蘿蔔可健脾，有利於濕氣運化，可加快濕疹康復。

 ## 黃瓜蘋果橙汁

清熱、利水、消腫

黃瓜80克　蘋果80克　柳橙80克　檸檬30克

蜂蜜適量

做法

1. 黃瓜洗淨，切小塊；蘋果洗淨，去皮、去核，切小塊；柳橙、檸檬去皮、核，切塊。
2. 將上述食材倒入全自動豆漿機中，加入少量的冷開水，按下「蔬果汁」鍵，攪打均勻，倒入杯中，加入蜂蜜調味即可。

養生功效解析

此款蔬果汁可清熱利水、解毒消腫、生津止渴，適用於濕熱黃疸、小便不利等症狀。

血淤的典型症狀是常常感到憋氣、心痛，身體某處時常有針刺般的疼痛，面色灰暗無光，有黑眼圈等。改善活血化淤，可食用具有暢通血脈、改善血液循環、消散淤滯等功效的食材。

活血化淤

飲食原則 ✔ 味甘食物 ✔ 清淡 ✘ 油膩 ✘ 煎炸食物

活血化淤的明星食材

食材	性味歸經	功效
葡萄	性平，味甘、酸，入肺、脾、腎經	補氣血、益肝腎，預防心血管疾病
黑豆	性平，味甘，入脾、腎經	活血利水、補腎益陰、消腫下氣、明目健脾
檸檬	性平，味甘、酸，入肝、胃經	生津液、健脾胃，防治高血壓和心肌梗塞

黃豆50克　葡萄乾25克　檸檬20克

葡萄乾檸檬豆漿

活血養血、預防心血管疾病

做法

1. 黃豆用清水浸泡8～12小時，洗淨；葡萄乾洗淨，檸檬去皮、切塊、去籽。
2. 把所有食材一同倒入全自動豆漿機中，加水至上、下水位線之間，按下「豆漿」鍵，煮至豆漿機提示豆漿做好，過濾即可。

養生功效解析

黃豆		葡萄		
富含優質蛋白質，可活血養血、降壓消脂	✚	活血通筋，促進血液循環、延緩衰老	＝	活血養血、消脂抗衰

黑豆糯米漿

活血補虛

黑豆60克　糯米30克　冰糖15克

做法

1. 黑豆用清水浸泡8～12小時，洗淨；糯米淘洗乾淨，用清水浸泡2小時。
2. 將上述食材一同倒入全自動豆漿機中，加水至上、下水位線間，按下「米漿」鍵，煮至豆漿機提示米漿做好，過濾後加冰糖攪拌至溶化即可。

養生功效解析

此款糯米漿含有豐富的營養物質，可健脾暖胃、滋陰補腎、活血補虛，為溫補佳品。

 # 葡萄檸檬汁

補氣、活血、強心

葡萄250克　檸檬60克　蜂蜜適量

做法

1. 葡萄洗淨，切成兩半後去子；檸檬去皮、去子，切塊。
2. 將上述食材倒入全自動豆漿機中，倒入適量的冷開水，按下「蔬果汁」鍵，攪打均勻，倒入杯中，加入蜂蜜攪勻即可。

養生功效解析

此款果汁可補氣、活血、強心，還可有效抗氧化、美白肌膚、延緩衰老。

特別提醒

檸檬以色澤鮮豔、飽滿，皮薄者為佳。

衰老是一種自然過程，隨著年齡的增長，細胞的代謝能力會隨之降低，身體會出現明顯老化現象。同時，體內產生的自由基會破壞皮膚彈性，導致皮膚鬆弛，加速衰老。多多食用有抗氧化、抗自由基功效的食物，可以大大延緩老化進程。

抗衰老

飲食原則　✓ 少鹽　✓ 高蛋白　✗ 甜食　✗ 油炸食物

抗衰老的明星營養素

營養素	功能	來源
維生素E	抗氧化，阻止體內產生過氧化	豆類、堅果、芝麻等
蛋白質	人體的必需營養素，可保持皮下肌肉豐滿而有彈性	豆製品、牛奶、蛋類等
雌激素	維繫女人第二特徵的重要因素。能使皮膚看上去柔滑細膩	豆類、豆製品等
膳食纖維	促進腸胃蠕動，能讓消化系統保持年輕活力，並且幫助排毒	蔬菜、水果等

黃豆50克　　葡萄80克

葡萄豆漿

抗衰老、抗氧化

做法

1. 黃豆用清水浸泡8～12小時，洗淨；葡萄洗淨，去子。
2. 把上述食材一同倒入全自動豆漿機中，加水至上、下水位線之間，按下「豆漿」鍵，煮至豆漿機提示豆漿做好，過濾即可。

特別提醒

抗氧化劑花青素主要存在於葡萄皮中，所以製作豆漿時不要去掉葡萄皮。

養生功效解析

黃豆		葡萄		
富含不飽和脂肪酸和大豆卵磷脂，可延緩衰老，預防心血管疾病	+	富含花青素，可抗氧化、防衰老	=	抗氧化，延緩衰老

枸杞核桃米漿

延衰抗老、強健身體

 白米30克　 黃豆60克　核桃25克

 枸杞10克　 冰糖15克

做法

1. 白米淘洗乾淨，用清水浸泡2小時；黃豆洗淨，浸泡8～12小時；枸杞洗淨，泡軟。
2. 將所有食材（除冰糖外）倒入全自動豆漿機中，加水至上、下水位線之間，按下「米漿」鍵，煮至豆漿機提示米漿做好，加入冰糖攪拌至溶化即可。

養生功效解析

核桃富含維生素E和不飽和脂肪酸，可延緩衰老、預防疾病、益智補腦；枸杞可改善血液循環、增強體力、補血養心、防疾病抗老。

花菜胡蘿蔔汁

抗氧化、抗癌

 花菜100克　 胡蘿蔔100克　 檸檬30克　 蜂蜜適量

做法

1. 花菜洗淨，放入鍋中汆燙後，用冰開水過涼，撈出後切小塊；胡蘿蔔洗淨，切小塊；檸檬洗淨，去皮、去核。
2. 將上述食材倒入全自動豆漿機中，加入適量的冷開水，按下「蔬果汁」鍵，攪打均勻後倒入杯中，加入蜂蜜攪勻即可。

養生功效解析

此款蔬果汁含有豐富的花青素和胡蘿蔔素，可有效抗衰老，預防DNA突變，防癌抗癌。

櫻桃蘋果汁

抗衰老、養顏潤膚

櫻桃30克

蘋果150克

檸檬30克

蜂蜜適量

做法

1. 櫻桃洗淨，切兩半，去核；蘋果洗淨，去皮、去核，切小塊；檸檬洗淨，去皮、去子。

2. 將上述食材倒入全自動豆漿機中，加入適量冷開水水，按下「蔬果汁」鍵，攪打均勻後倒入杯中，加入蜂蜜攪勻即可。

特別提醒

櫻桃宜挑選果粒大、果蒂新鮮、果實紅豔飽滿者。

養生功效解析

櫻桃		蘋果		
含豐富鐵和維生素C，可潤澤皮膚	**+**	富含膳食纖維，能促進排毒，防止因便秘而造成的膚色暗淡	**=**	保持皮膚活力，延緩衰老

抗輻射

各種家用電器、辦公設備、行動電話等都會對人體產生輻射。輻射可加速老化，甚至傷害造血系統，導致腫瘤的發生。除了盡可能遠離輻射源外，補充抗氧化的食物和營養素也是減輕輻射危害的有效方法。

飲食原則　✓ 高蛋白　✓ 綠茶　✗ 碳酸飲料　✗ 油炸及燻烤食物

抗輻射的明星營養素

營養素	功能	來源
維生素C	抗氧化，增強人體免疫力，抑制腫瘤生長	綠葉蔬菜和柑橘類水果
維生素A	加強身體抵抗電磁輻射的能力，清除體內的自由基	黃色、綠色蔬菜和動物肝臟
蛋白質	可促進骨髓細胞的造血功能，從而提高人體的免疫力	豆製品、藻類、蛋類、肉類

綠豆海帶豆漿

抗輻射、解緩不適感

黃豆50克　綠豆20克　海帶15克

做法

1. 黃豆用清水浸泡8～12小時，洗淨；綠豆淘洗乾淨，用清水浸泡4～6小時；海帶洗淨，切碎。
2. 將上述材料一同倒入全自動豆漿機中，加水至上、下水位線之間，按下「豆漿」鍵，煮至豆漿機提示豆漿做好飲用即可。

特別提醒

這道豆漿最好帶渣一起飲用，能更好地吸收綠豆、海帶的營養。

養生功效解析

 綠豆
可以解緩或輔助治療因外界輻射給人體帶來的種種不適感

　＋

 海帶
富含多種維生素，可提高身體對輻射的耐受性

　＝

防輻射，解緩不適感

綠豆40克　紅薯30克

綠豆紅薯豆漿

促進身體排毒

做法

1. 綠豆淘洗乾淨，用清水浸泡4~6小時；紅薯去皮、洗淨，切碎。
2. 將上述食材一同倒入全自動豆漿機中，加水至上、下水位線之間，按下「豆漿」鍵，煮至豆漿機提示豆漿做好即可。

養生功效解析

綠豆具有解毒功效，能解緩輻射給人體帶來的種種不適感，紅薯富含的膳食纖維，能促進排便，有利於人體排毒。

特別提醒

喝這款豆漿的同時別吃柿子，否則容易出現胃脹、胃痛等不適感。

青江菜100克　蘆筍200克　橘子70克　蜂蜜適量

青江菜蘆筍橘子汁

防輻射、抗癌

做法

1. 青江菜、蘆筍洗淨，切小段；橘子去皮、去子。
2. 將上述食材倒入全自動豆漿機中，加入少量的冷開水，按下「蔬果汁」鍵，攪打均勻後倒入杯中，加入蜂蜜調味即可。

養生功效解析

青江菜含有豐富的抗氧化物質，可解緩電腦輻射造成的視力疲勞症狀；蘆筍富含多種維生素，可解緩輻射引起的不適，還能防癌抗癌。

特別提醒

長期面對電腦工作的人容易視力疲勞，應加強胡蘿蔔素等維生素的攝取，適合多飲此款蔬果汁。

解緩疲勞

疲勞感的產生有時是疾病所導致，有時則是生活習慣不良、飲食不均衡及情緒不穩定所引起。除了需有充足的睡眠外，適當的飲食也是消除疲勞感的好方法。

飲食原則　✔ 低糖　✔ 低脂　✘ 抽煙　✘ 咖啡

抗輻射的明星營養素

營養素	功能	來源
維生素C	提高肌肉的耐力，加速體力的恢復	綠葉蔬菜和水果
維生素B2	增強肌肉的耐力，防止身體產生疲勞感	豆類、蛋類和動物內臟
蛋白質	能量消耗過大會使人疲勞，及時補充可增強體力，消除疲勞	豆製品、肉類、蛋類

黑紅綠豆漿

解緩體虛乏力

黑豆50克　紅豆20克　綠豆10克

做法

1. 黑豆用清水浸泡8～12小時，洗淨；紅豆、綠豆淘洗乾淨，用清水浸泡4～6小時。
2. 將上述食材一同倒入全自動豆漿機中，加水至上、下水位線之間，按下「豆漿」鍵，煮至豆漿機提示豆漿做好即可。

養生功效解析

黑豆	紅豆	
固精益腎、增強體力，還能幫助調養腎虛所引起的掉髮	行氣補血、解除心臟疲勞	有效解緩工作壓力大出現的體虛乏力狀況

 ➕ ＝

黃豆40克　腰果15克　薏仁15克　熟栗子15克

蓮子15克　冰糖15克

做法

1. 黃豆洗淨，用清水浸泡8〜12小時；薏仁淘洗乾淨，浸泡2小時；蓮子用清水浸泡2小時，去心；栗子去殼、去皮，切碎。
2. 將所有食材（除冰糖外）倒入全自動豆漿機中，加水至上、下水位線之間，按下「米漿」鍵，煮至豆漿機提示米漿做好，加入冰糖攪拌至溶化即可。

養生功效解析

此款薏仁漿營養豐富，可補益肝腎，增強體力，尤其適合易疲勞者食用。

特別提醒

栗子宜挑選外殼呈褐色，質地堅硬、表面光滑、呈半圓狀的。

芒果150克　香蕉100克　牛奶200cc　白糖10克

做法

1. 芒果洗淨，去皮、核，切小塊；香蕉去皮，切小塊。
2. 將上述食材倒入全自動豆漿機中，加入牛奶，按下「蔬果汁」鍵，攪打均勻後倒入杯中，加入白糖攪拌至溶化即可。

養生功效解析

此款飲品蛋白質和碳水化合物含量豐富，可補充體力、強健骨骼、消除疲勞。

特別提醒

此飲品可快速補充能量，適合體力勞動者在消耗大量體力後補充營養。

增強免疫力

免疫力是人體自身的防禦機制，免疫力低下最直接的表現就是容易生病或病情反覆，精神不振，食欲低下，睡眠不佳等。勞逸結合、經常鍛煉、保持營養均衡等都是提高自身免疫力的重要方法。

飲食原則　✔ 高蛋白　✔ 茶　✕ 抽煙　✕ 飲酒

增強免疫力的明星營養素

營養素	功能	來源
維生素C	增強體內白細胞的戰鬥力，從而增強人體免疫力	綠葉蔬菜和柑橘類水果
維生素A	促進糖蛋白的合成，增強呼吸道上皮細胞的抵抗力，防止感冒	黃色、綠色蔬菜
鋅	免疫器官胸腺發育的必須營養素，可促進細胞免疫功能，加速傷口組織癒合	動物肝臟、海產品、乾果等

小麥核桃紅棗豆漿

增強抗病力

 黃豆50克　 小麥仁20克　 核桃10克　 紅棗5克

做法

1. 黃豆用清水浸泡8～12小時，洗淨；小麥仁淘洗乾淨，用清水浸泡2小時；核桃去皮，取核桃碾碎；紅棗洗淨，去核，切碎。
2. 將上述食材一同倒入全自動豆漿機中，加水至上、下水位線之間，按下「豆漿」鍵，煮至豆漿機提示豆漿做好即可。

特別提醒

食用核桃易上火，含油脂多，用量不宜多。

養生功效解析

紅棗		核桃		
滋補養血、健脾益氣、增強免疫力		富含維生素E，可以防止細胞老化，增強抗病能力		抗老化，增強免疫力

白米40克　糙米40克　熟花生25克　熟黑芝麻10克

冰糖10克

做法

1. 白米、糙米分別淘洗乾淨，用清水浸泡2小時。
2. 將全部食材（冰糖除外）倒入全自動豆漿機中，加水至上、下水位線之間，按下「米漿」鍵，煮至豆漿機提示米漿做好，加入冰糖攪至溶化即可。

養生功效解析

此款米漿可補益中氣，增強體質，提高人體免疫功能，促進血液循環，預防心血管疾病。

葡萄柚100克　柳橙100克　蜂蜜適量

葡萄柚柳橙汁
提高免疫力、預防感冒

做法

1. 葡萄柚、柳橙分別去皮、去核，切塊。
2. 將上述食材倒入全自動豆漿機中，加入適量的冷開水，按下「蔬果汁」鍵，攪打均勻，倒入杯中，加入蜂蜜攪勻即可。

養生功效解析

此款果汁富含維生素C，可有效提高免疫力，預防感冒。

排毒

「毒」泛指對人體有不良影響的各種物質，例如自由基、宿便等。這些毒素若不能及時排出體外，容易沉積在血管壁上，導致各種心血管疾病。而富含膳食纖維、維生素的食物有很好的排毒作用，可以選擇多多食用。

飲食原則　✔ 多喝水　✔ 高膳食纖維　✘ 加工食品　✘ 甜飲料

排毒的明星營養素

營養素	功能	來源
膳食纖維	促進腸蠕動，防止便秘，幫助身體及時排出廢物和毒素	五穀雜糧、蔬菜
維生素C	排除體內有害物質，清腸排毒	綠色蔬菜和柑橘類水果
維生素B群	幫助肝臟製造更多的解毒物質，提升肝臟工作機能	各種穀物
維生素E	對肝臟、腎臟等排毒器官有很好的保護作用	豆類、堅果及芝麻等穀物

薄荷綠豆漿

解「百毒」，抗炎消腫

 綠豆40克　黃豆20克　白米20克　薄荷葉3片

冰糖10克

做法

1. 黃豆淘洗乾淨，用清水浸泡8～12小時；綠豆洗淨，浸泡4～6小時；白米淘洗乾淨，用清水浸泡2小時；薄荷葉洗淨。
2. 將上述食材一同倒入全自動豆漿機中，再加適量清水至上、下水位線之間，按下「豆漿」鍵，煮至豆漿機提示豆漿做好後過濾，加冰糖攪拌至溶化即可。

養生功效解析

綠豆		薄荷		
清火解毒、去熱除煩、解暑消渴	＋	清熱解毒、散結消腫、降火解暑	＝	清熱、解毒、抗炎、消腫

薏仁60克　紅豆30克

清熱排毒、降火消腫

做法

1. 紅豆淘洗乾淨，用清水浸泡4～6小時；薏仁淘洗乾淨，用清水浸泡2小時。
2. 將所有食材倒入全自動豆漿機中，加水至上、下水位線之間，按下「米漿」鍵，煮至豆漿機提示米漿做好即可。

養生功效解析

此款米漿可清熱降火、排毒解毒、消腫止癢、滋潤肌膚，適合女性食用。

特別提醒

薏仁性涼，脾虛者宜把薏仁炒一下再食用，能去除薏仁的涼性，健脾效果更好。

南瓜200克　蜂蜜適量

促進身體排毒

做法

1. 南瓜洗淨，去皮、瓤，切小塊，放入鍋中蒸熟。
2. 將蒸熟的南瓜倒入全自動豆漿機中，加水至上、下水位線之間，按下「蔬果汁」鍵，攪打均勻後倒入杯中，加入蜂蜜調味即可。

養生功效解析

南瓜糊所含的果膠可粘合並消除體內的細菌及毒性物質，促進身體排毒。

特別提醒

體寒者可多食此款蔬果汁。

保護眼睛

眼睛不適大多因為用眼過度、視力疲勞等原因。所以，平時留意用眼習慣，注意勞逸結合即可大大解緩眼睛的疲勞。除了適當的休息，也可飲用豆漿和蔬果汁來為眼睛補充足夠的必需營養素。

飲食原則　✔ 多喝茶　✔ 多喝水　✘ 抽煙　✘ 飲酒　✘ 辛辣

保護眼睛的明星營養素

營養素	功能	來源
維生素A	預防眼乾、視力衰退、夜盲症	黃色、綠色蔬菜
維生素B群	視覺神經的營養來源之一，防止視力疲勞和角膜炎的發生	豆類、牛奶、各種穀物
鉻	保持眼壓平衡，如果缺乏會導致水晶體鼓出，眼睛屈光度變大，會引起近視	大米、小米等各種穀物
鈣	保持視力的正常發育，鈣缺乏是導致近視的原因之一	豆製品、牛奶等

 胡蘿蔔枸杞豆漿

養肝、護眼、增強抵抗力

黃豆50克　胡蘿蔔80克　枸杞15克　冰糖10克

做法

1. 黃豆用清水浸泡8～12小時，洗淨；胡蘿蔔洗淨，去皮，切塊；枸杞洗淨。
2. 將上述食材倒入全自動豆漿機中，加水至上、下水位線之間，按下「豆漿」鍵，煮至豆漿機提示豆漿做好，過濾後加冰糖攪拌至溶化即可。

養生功效解析

胡蘿蔔	枸杞	養肝、護眼、增強抵抗力
富含能在人體內轉變成維生素A的β胡蘿蔔素，具有保護眼睛、抵抗傳染病的功效	養肝明目、補血養心	

＋ ＝

黃豆50克　乾菊花5克　冰糖10克

清肝明目

做法

1. 黃豆用清水浸泡8～12小時，洗淨；乾菊花洗淨。
2. 將上述食材倒入全自動豆漿機中，加水至上、下水位線之間，按下「豆漿」鍵，煮至豆漿機提示豆漿做好，過濾後加冰糖攪拌至溶化即可。

養生功效解析

黃豆富含大豆卵磷脂，具有保護視神經、增強組織活性的功效，菊花可清肝明目、清熱降火，二者同時食用可清肝明目，提高視覺神經的活力。

胡蘿蔔蘋果芹菜汁

胡蘿蔔100克　蘋果50克　芹菜100克　檸檬30克

護眼、促進消化

蜂蜜適量

做法

1. 胡蘿蔔、芹菜洗淨，切小段；蘋果洗淨，去皮、去核，切塊；檸檬去皮、去子。
2. 將切好的食材一起倒入全自動豆漿機中，加入適量的冷開水，按下「蔬果汁」鍵，攪打均勻後倒入杯中，加入蜂蜜攪勻即可。

養生功效解析

此款蔬果汁富含維生素和礦物質，可保護眼睛、促進消化、補養脾胃、滋潤皮膚。

特別提醒

此款蔬果汁十分適合在劇烈運動後飲用，以補充體力。

護膚美容

皮膚問題主要有鬆弛、暗沉、粗糙、斑點、長痘等。除了外部的保養之外，還要以內養外，多進食一些富含維生素和礦物質的蔬菜、水果等，是解決這些皮膚問題的有效方法。

飲食原則 ✔ 清淡飲食 ✔ 多喝水 ✘ 高脂 ✘ 抽煙 ✘ 辛辣

護膚美容的明星營養素

營養素	功能	來源
維生素A	保護皮膚表層細胞，防止皮膚乾燥	黃色、綠色蔬菜
維生素C	消除體內自由基，延緩皮膚老化	綠色蔬菜和各種水果
維生素E	抗氧化，防止皮膚衰老	豆類、穀物、堅果
鐵	預防貧血，保持臉色紅潤	深色水果和蔬菜

玫瑰薏仁豆漿

抗皺、改善臉色暗沉

 黃豆60克　 玫瑰25克　 薏仁30克　冰糖10克

做法

1. 黃豆用清水浸泡8～12小時，洗淨；薏仁淘洗乾淨，用清水浸泡2小時；玫瑰花洗淨。
2. 將上述食材倒入全自動豆漿機中，加水至上、下水位線之間，按下「豆漿」鍵，煮至豆漿機提示豆漿做好，過濾後加冰糖攪拌至溶化即可。

養生功效解析

玫瑰花		薏仁		
能改善因內分泌功能失調所致的臉部暗瘡		健脾益胃，能改善脾胃兩虛而導致臉部產生的皺紋、暗沉	=	消除臉部暗瘡、皺紋，改善臉部暗沉

黃豆60克　白糖10克　香草5克

做法

1. 黃豆用清水浸泡8～12小時，洗淨；香草洗淨。
2. 把黃豆和香草倒入全自動豆漿機中，加水至上、下水位線之間，按下「豆漿」鍵，煮至豆漿機提示豆漿做好，過濾後加白糖攪拌至溶化即可。

養生功效解析

香草含有17種人體必需的氨基酸，具有補腎、開胃、健脾等功效，加入豆漿中，還可達到滋補養顏的作用。

特別提醒

先用開水浸泡香草，再用泡好香草的水攪打豆漿也可以。

燕麥片60克　熟花生35克　冰糖15克

做法

1. 將燕麥片、花生倒入全自動豆漿機中，加水至上、下水位線之間，按下「米漿」鍵，煮至豆漿機提示米漿做好，加入冰糖攪拌至溶化即可。

養生功效解析

燕麥片富含膳食纖維，有排毒養顏、潤澤肌膚等功效，花生富含維生素E，可潤膚抗皺、延緩衰老，二者同時食用可養顏、潤膚、抗衰老。

🍅 蘆薈西瓜汁

去斑、美白、滋潤肌膚

西瓜250克　蘆薈20克

做法

1. 西瓜洗淨，去皮、去核，切小塊；蘆薈洗淨，去皮，切小塊。
2. 將上述食材倒入全自動豆漿機中，加入適量的冷開水，按下「蔬果汁」鍵，攪打均勻後倒入杯中即可。

養生功效解析

此款蔬果汁中的蘆薈具有去斑、去痘、美白滋潤肌膚、提高皮膚亮度和彈性等功效。

特別提醒

孕婦和經期中的女性不要食用蘆薈。

🍅 番茄檸檬汁

抑制黑色素形成、美白亮膚

番茄200克　檸檬60克　蜂蜜適量

做法

1. 番茄洗淨，去皮，切塊；檸檬去皮、去子。
2. 將上述食材一起倒入全自動豆漿機中，加入適量涼飲用水，按下「蔬果汁」鍵，攪打均勻後倒入杯中，加入蜂蜜攪勻即可。

養生功效解析

此款蔬果汁富含維生素C和多種酶，可抑制黑色素形成，美白亮膚。

目前減肥是一種潮流，而關於減肥的方法也五花八門。怎樣才能減得健康而體重不回升？其實，還是要從適當的控制飲食做起。如何在減少飲食量的同時保持均衡的營養呢？各種高蛋白的豆漿和低熱量的蔬果汁無疑是減肥最好的選擇。

減肥瘦身

飲食原則　✔ 高蛋白　✔ 高膳食纖維　✔ 低鹽　✘ 高糖　✘ 油炸食物

減肥瘦身的明星營養素

營養素	功能	來源
膳食纖維	增加飽足感，提高基礎代謝率	豆類、粗糧等
蛋白質	增加飽足感，促進身體脂肪代謝	豆類及豆製品、肉類
維生素E	促進血液循環，消除腫脹，防止減肥後肌膚鬆弛	豆類、穀物、堅果
維生素B群	加強脂肪和糖分的代謝	豆類、牛奶、各種穀物

黃豆60克　黃瓜50克

黃瓜豆漿

除熱利水、消暑減肥

做法

1. 黃豆用清水浸泡8～12小時，洗淨；黃瓜洗淨，切小塊。
2. 將所有食材一同倒入全自動豆漿機中，加水至上、下水位線之間，按下「豆漿」鍵，煮至豆漿機提示豆漿做好，過濾即可。

養生功效解析

黃豆		黃瓜		
調節內分泌，促進新陳代謝，消脂減肥		富含維生素和酶類，可促進脂肪代謝，消暑利水		除熱防暑、消脂減肥

🍅 蘋果白菜檸檬汁

排毒、減脂

 蘋果150克　 白菜心50克　 檸檬30克　 蜂蜜適量

做法

1. 蘋果洗淨，去皮、去核，切小塊；白菜心洗淨，切碎；檸檬去皮、去子。
2. 將上述食材倒入全自動豆漿機中，加入少量的冷開水，按下「蔬果汁」鍵，攪打均勻後過濾倒入杯中，加入蜂蜜調味即可。

養生功效解析

此款蔬果汁含有豐富的膳食纖維及礦物質，熱量低，可排毒瘦身，消脂減肥。

特別提醒

白菜性涼偏寒，胃寒腹痛、腹瀉及寒痢者不可多食。

鳳梨多纖果汁

通便、去火、瘦身

 鳳梨80克　 紫甘藍30克　 香蕉80克　 苦瓜30克

 蜂蜜適量　 鹽少許

做法

1. 紫甘藍洗淨，切小塊；鳳梨、香蕉去皮，切小塊，鳳梨放入鹽水中浸泡15分鐘；苦瓜洗淨，去子，切小塊。
2. 將上述食材倒入全自動豆漿機中，加入適量涼飲用水，按下「蔬果汁」鍵，攪打均勻後加入蜂蜜攪勻即可。

養生功效解析

此款蔬果汁富含多種維生素和膳食纖維，可通便去火，有效提高身體代謝，促進廢物排出，從而達到減肥瘦身的功效。

特別提醒

若想要達到降低血脂的效果，可適當增加苦瓜的用量。

頭髮枯黃、失去光澤、分叉易斷、掉髮等頭髮問題，會大大影響個人魅力。影響頭髮健康的原因很多，其中，飲食營養是主要因素之一。適當的注意飲食調理，往往能得到令人滿意的效果。

烏黑髮絲

飲食原則 ✔ 高蛋白 ✘ 高糖 ✘ 高脂 ✘ 抽煙 ✘ 飲酒 ✘ 油炸食物

烏黑髮絲的明星營養素

營養素	功能	來源
植物蛋白	保持毛囊血液供應，防止頭髮早禿	豆類及豆製品、玉米
鐵	避免頭髮枯黃和掉髮	豆類、深色蔬菜
維生素E	改善頭皮毛囊微循環，促進毛髮生長	豆類、穀物、堅果
維生素B群	刺激毛髮再生，促進黑髮生長	豆類、堅果

黑豆50克　黑芝麻15克　熟花生20克　白糖15克

花生芝麻黑豆漿

改善非遺傳性白髮症

做法

1. 黑豆用清水浸泡8～12小時，洗淨；花生洗淨；黑芝麻沖洗乾淨，瀝乾水分，碾碎。
2. 將上述食材一同倒入全自動豆漿機中，加水至上、下水位線之間，按下「豆漿」鍵，煮至豆漿機提示豆漿做好，加入白糖調味後飲用即可。

特別提醒

黑芝麻也可以用白芝麻代替，白芝麻同樣具有烏黑髮絲的作用。

養生功效解析

黑豆		黑芝麻		
具有烏黑髮絲的功效，適用於各種非遺傳性白髮症	➕	補腎強肝，適合肝腎不足所導致的掉髮、髮絲早白	＝	改善掉髮、髮絲早白、非遺傳性白髮

芝麻黑米漿

黑米50克　白米20克　熟黑芝麻30克

做法

1. 黑米、白米淘洗乾淨，用清水浸泡2小時。
2. 將全部食材倒入全自動豆漿機中，加水至上、下水位線之間，按下「米漿」鍵，煮至豆漿機提示米漿做好即可。

養生功效解析

此款米漿可補腎氣，抗衰老，養髮，滋潤肌膚。

芝麻栗子漿

熟栗子100克　熟黑芝麻50克

做法

1. 熟栗子去殼、去皮，切小塊。
2. 將全部食材倒入全自動豆漿機中，加水至上、下水位線之間，按下「米漿」鍵，煮至豆漿機提示米漿做好即可。

養生功效解析

此款芝麻栗子漿可補肝腎，烏黑髮絲，適合掉髮和髮絲早白等症狀。

特別提醒

若買不到熟栗子和熟芝麻，也可先將生栗子煮熟，將芝麻用小火炒香。

黑米30克

核桃30克

黑豆20克

薏仁20克

黑米薏仁核桃漿

烏黑髮絲、頭髮滑順

做法

1. 黑米、薏仁淘洗乾淨，用清水浸泡2小時；黃豆淘洗乾淨，用清水浸泡8～12小時；紅豆、黑豆淘洗乾淨，用清水浸泡4～6小時。

2. 將浸泡好的所有食材一同倒入全自動豆漿機中，加水至上、下水位線之間，按下「米漿」鍵，煮至豆漿機提示米漿做好即可。

特別提醒

薏仁以粒大、飽滿、色白、完整者為佳。

養生功效解析

黑米		核桃		
富含維生素、蛋白質等，可滋腎水，烏黑髮絲	＋	能潤肌膚、烏黑髮絲、潤肺	＝	令髮絲烏黑、滑順

防病去病 豆漿、米漿、蔬果汁

口腔潰瘍是一種常見的口腔黏膜疾病，並且常常反覆發作。辛辣、油炸、醃製食品等是誘發和造成口腔潰瘍的重要因素，因此禁食敏感性食物性是避免發病的重要環節，同時攝取相關營養素可以避免口腔潰瘍的經常發作。

口腔潰瘍

飲食原則　✔ 清淡　✘ 少鹽　✘ 多蔬果　✘ 油炸　✘ 辛辣　✘ 飲酒

預防口腔潰瘍的明星營養素

營養素	功能	來源
維生素B群	維持口腔上皮細胞的健康和完整	糙米等穀類
卵磷脂	維護口腔細胞膜完整性	蛋類、豆類
蛋白質	修復口腔潰瘍創傷所必需的營養素	豆類、牛奶、蛋類等

綠豆60克　白米20克　蒲公英200克　蜂蜜適量

蒲公英白米綠豆漿

清熱去火、消腫止痛

做法

1. 綠豆淘洗乾淨，用清水浸泡4~6小時；白米淘洗乾淨，用清水浸泡2小時；蒲公英煎汁備用。

2. 將白米和浸泡好的綠豆一同倒入全自動豆漿機中，淋上蒲公英的煎汁，再加適量清水至上、下水位線之間，按下「豆漿」鍵，煮至豆漿機提示豆漿做好，過濾後放置溫熱，加蜂蜜調味後飲用即可。

養生功效解析

綠豆		蒲公英		
清火解毒、去熱解煩、消暑解渴		清熱解毒，散結消腫，適用於咽喉腫痛、口腔潰瘍等症狀		清熱、消腫、止痛

🍅 綜合蔬菜汁

預防口腔潰瘍，降壓、降脂

菠菜80克

西芹50克

胡蘿蔔80克

蜂蜜適量

檸檬60克

做法

1. 西芹、胡蘿蔔分別洗淨，切小段；菠菜汆燙後過冷水，切段；檸檬去皮、去子。
2. 將切好的食材一起倒入全自動豆漿機中，加入適量的冷開水，按下「蔬果汁」鍵，攪打均勻，倒入杯中，加入蜂蜜攪勻即可。

養生功效解析

此款蔬果汁富含多種維生素和礦物質，可有效預防口腔潰瘍。

🍅 蘋果蔬菜汁

富含維生素，改善口腔潰瘍症狀

蘋果100克

青江菜80克

檸檬30克

蜂蜜適量

做法

1. 蘋果洗淨，去皮、核，切小塊；青江菜洗淨，切小段；檸檬去皮、去子。
2. 將切好的食材一起倒入全自動豆漿機中，加入適量涼飲用水，按下「蔬果汁」鍵，攪打均勻後倒入杯中，加入蜂蜜攪勻即可。

養生功效解析

此款蔬果汁富含維生素B群和胡蘿蔔素，可強化口腔黏膜上皮，有效改善口腔潰瘍症狀。

便秘的發生與飲食密切相關。飲食不適當、挑食、多肉食，蔬果吃得不夠多，常常引起無力性便秘。飲食是調節無力性便秘的關鍵，可用飲食療法來解決便秘問題。

便秘

飲食原則　☑ 多粗糧　☑ 多蔬果　☒ 精緻的加工品　☒ 濃茶　☒ 辛辣

預防便秘的明星營養素

營養素	功能	來源
飲食纖維	刺激腸道蠕動，幫助消化，潤滑腸道，促進排便	燕麥、芹菜、胡蘿蔔、紅薯、紫薯等
各種維生素	加強消化道的分泌功能，有助於益生菌的繁殖，促進排泄	菠菜、胡蘿蔔、香菇、番茄、檸檬、奇異果等
不飽和脂肪酸	潤滑腸道，防治便秘	堅果類及植物油等

黃豆30克　燕麥片30克　紫薯30克　冰糖10克

燕麥紫薯豆漿

促進腸胃蠕動、通便

做法

1. 黃豆用清水浸泡8～12小時，洗淨；紫薯洗淨，去皮，切丁；燕麥片洗淨。
2. 將上述食材倒入全自動豆漿機中，加水至上、下水位線間，按下「豆漿」鍵，煮至豆漿機提示豆漿做好，過濾後加冰糖攪拌至溶化即可。

養生功效解析

燕麥片		紫薯		
富含飲食纖維，可使排便順暢，還可降血脂、血壓、血糖		富含飲食纖維和花青素，可促進腸道排便，提高免疫力		促進腸胃蠕動，解決便秘症狀

紅豆香蕉優酪乳

紅豆50克　　香蕉100克　　優酪乳100cc

做法

1. 紅豆用清水浸泡4～6小時，洗淨，煮熟；香蕉去皮，切小塊。
2. 將全部食材倒入全自動豆漿機中，按下蔬果汁鍵，攪打均勻後倒入杯中即可。

養生功效解析

香蕉有潤腸道、助消化、預防便秘的功效，優酪乳可增加腸道益生菌，幫助消化，這道豆漿有潤腸、排毒、養顏的功效，適合減肥的人飲用。

芹菜鳳梨汁

富含飲食纖維，促進排便

西芹50克　　鳳梨100克　　優酪乳100cc　　鹽少許

做法

1. 鳳梨去皮，切小塊，放入鹽水中浸泡15分鐘；西芹清洗乾淨，切小段。
2. 將所有材料一起倒入全自動豆漿機中，按下「蔬果汁」鍵，攪打均勻後倒入杯中即可。

養生功效解析

芹菜和鳳梨均富含大量飲食纖維，可促進腸胃蠕動、幫助消化及排便，能有效改善便秘症狀。

感冒和人體免疫力強弱有很大關係，而提高人體免疫力最好的
方式就是透過飲食來調節。食物中的某些營養素可以調節身體
細胞的免疫狀態，從而對感冒病毒產生一定的抑制作用。

感冒

(飲食原則) ✔ 高蛋白 ✔ 多蔬果 ✖ 油膩 ✖ 辛辣 ✖ 抽煙

(預防感冒的明星營養素)

營養素	功能	來源
維生素C	提高人體抵抗力和免疫力	菠菜、花椰菜、西瓜、柳丁等
礦物質	促進新陳代謝，預防感冒	各種蔬菜及杏仁、核桃等堅果類
蛋白質	維持免疫系統和淋巴細胞的正常功能	各種豆類、牛奶、水產品等

黑豆50克　鮮百合25克　銀耳10克　冰糖10克

黑豆銀耳豆漿

潤肺、益胃生津

做法

1. 黑豆用清水浸泡8～12小時，洗淨；鮮百合
洗淨；銀耳用清水浸泡半小時，洗淨。

2. 將上述食材一同倒入全自動豆漿機中，加水
至上、下水位線之間，按下「豆漿」鍵，煮
至豆漿機提示豆漿做好，加冰糖攪拌至溶化
即可。

養生功效解析

黑豆		銀耳		
滋陰補腎、延緩衰老	＋	益胃生津、滋陰潤肺、美容護膚	＝	滋陰潤肺、生津止咳

杏仁米漿

白米30克　熟杏仁30克　冰糖10克

做法

1. 白米淘洗乾淨，用清水浸泡2小時。
2. 將白米、熟杏仁倒入全自動豆漿機中，加水至上、下水位線間，按下「米漿」鍵，煮至豆漿機提示米漿做好，加入冰糖攪拌至溶化即可。

養生功效解析

白米可益氣、通血脈、補脾，杏仁可散風、降氣、潤燥，有效解緩感冒初起時喉乾、咽喉痛、頭暈等症狀，二者同時食用可預防感冒、減輕感冒症狀。

特別提醒

杏仁分為甜杏仁和苦杏仁兩種，通常食用的是甜杏仁，苦杏仁多做藥用。

薄荷西瓜汁

西瓜200克　薄荷葉3片　白糖100克

做法

1. 西瓜去皮，去籽，切小塊；薄荷葉洗淨。
2. 將上述食材倒入全自動豆漿機中，按下「蔬果汁」鍵，攪打均勻後倒入杯中，加入白糖攪拌至溶化即可。

養生功效解析

西瓜富含礦物質，可生津止渴，利尿消腫，預防風熱感冒；薄荷能消炎鎮痛，對於風熱感冒、咽喉腫痛等有明顯療效。

特別提醒

夏季常飲此款果汁有防中暑的作用。

失眠及睡眠品質不佳等症狀是困擾現代人的主要疾病，很多人為此焦慮不安，無形中加劇了症狀。其實，改善失眠症狀、提高睡眠品質有個簡便易行的方法，那就是飲食調理。飲食調理的效果十分顯著，而且沒有副作用。

失眠

(飲食原則) ✓ 清淡 ✓ 易消化 ✗ 油膩 ✗ 咖啡因 ✗ 飲酒

(預防失眠的明星營養素)

營養素	功能	來源
色氨酸	安神，有催眠效果	小米、香蕉、芝麻、蜂蜜等
碳水化合物	增加血液中的色氨酸濃度	白米、小米、黃豆、紅豆等
維生素B群	維持神經系統健康，消除煩躁，強化色氨酸的助眠功能	各種豆類、穀類以及生菜等蔬菜

黑豆50克　鮮百合25克　冰糖15克

黑豆百合豆漿

清心安神、滋陰潤燥

做法

1. 黑豆用清水浸泡8～12小時，洗淨；鮮百合洗淨。
2. 將上述食材一同倒入全自動豆漿機中，加水至上、下水位線之間，按「豆漿」鍵，煮至豆漿機提示豆漿做好，加冰糖攪拌至溶化即可。

養生功效解析

黑豆		百合		
滋陰、補腎、安神、延緩衰老	＋	富含多種營養物質，可益胃生津、清心安神	＝	清心安神，適合睡眠品質不佳者

薏仁百合豆漿

提高睡眠品質

黃豆50克　薏仁20克　乾百合20克　冰糖15克

做法

1. 黃豆用清水浸泡8～12小時，洗淨；薏仁淘洗乾淨，浸泡2小時；乾百合洗淨，用清水浸泡2小時。
2. 將上述食材一同倒入全自動豆漿機中，加水至上、下水位線之間，按下「豆漿」鍵，煮至豆漿機提示豆漿做好，過濾後加冰糖攪拌至溶化即可。

養生功效解析

薏仁可健脾益胃、滋陰去火，百合能潤肺止咳、清心安神，二者一起打成豆漿清補效果明顯，可明顯提高睡眠品質。

生菜梨汁

安神催眠、涼血清熱

生菜100克　雪梨100克　檸檬30克　蜂蜜適量

做法

1. 生菜洗淨，切小片；雪梨、檸檬洗淨，去皮，去核，切小塊。
2. 將上述食材倒入全自動豆漿機中，按下「蔬果汁」鍵，攪打均勻後倒入杯中，加入蜂蜜攪勻即可。

養生功效解析

生菜可清熱安神、鎮痛催眠，雪梨可涼心降火、養陰清熱，這款蔬果汁適用於神經衰弱和心煩意亂者。

特別提醒

脾胃虛寒、腹部冷痛和血虛者，不可多飲此款蔬果汁，以免傷脾胃。

濕疹是一種過敏性皮膚病，飲食不當是主要誘因之一，當進食異性蛋白食物，如雞蛋、牛奶等時，便可引起的一種過敏性皮膚病。因此，得了濕疹以後，要善於使用適當的飲食來解緩症狀。

濕疹

飲食原則　☑ 清淡　☑ 高飲食纖維　☒ 辛辣　☒ 發物

預防濕疹的明星營養素

營養素	功能	來源
胡蘿蔔素	保持皮膚光滑滋潤，防過敏	胡蘿蔔、菠菜等黃綠色蔬菜
維生素E	解緩皮膚瘙癢及乾燥	各種堅果類及豆類

綠豆50克　西芹50克　冰糖10克

綠豆芹菜豆漿

去濕止癢，解緩濕疹症狀

做法

1. 綠豆淘洗乾淨，用清水浸泡4～6小時；西芹洗淨，切小段。
2. 將上述食材倒入全自動豆漿機中，加水至上、下水位線之間，按下「豆漿」鍵，煮至豆漿機提示豆漿做好，過濾後加冰糖攪拌至溶化即可。

特別提醒

這款豆漿性質較寒涼，脾胃虛寒者及慢性胃腸炎患者應減少飲用或不要飲用。

養生功效解析

綠豆
性涼，可去濕、去火、消腫、清熱解毒

西芹
鎮靜、健胃、利尿

去濕，解緩瘙癢、腫痛等濕疹症狀

綠豆薏仁漿

 薏仁50克　 綠豆30克　 燕麥片20克

做法

1. 綠豆淘洗乾淨，用清水浸泡4～6小時；薏仁淘洗乾淨，浸泡2小時；燕麥片洗淨。
2. 將所有食材倒入全自動豆漿機中，加水至上、下水位線之間，按下「米漿」鍵，煮至豆漿機提示米漿做好即可。

養生功效解析

薏仁可清火、潤肺、利尿、消腫；綠豆有清熱涼血、利濕解毒、止癢等功效。二者合用，十分適合濕疹患者。

特別提醒

此款米漿可減輕臉部皮膚粗糙和青春痘、粉刺等症狀。

苦瓜檸檬蜂蜜汁

 苦瓜100克　 檸檬30克　 蜂蜜適量

做法

1. 苦瓜去籽，切小塊；檸檬洗淨，去皮、去籽。
2. 將上述食材倒入全自動豆漿機中，加入適量涼飲用水，按下「蔬果汁」鍵，攪打均勻後倒入杯中，加入蜂蜜攪勻即可。

養生功效解析

苦瓜含有奎寧這種物質，能清熱解毒、去濕止癢，對濕疹有很好的解緩作用。

特別提醒

此款蔬果汁還有降低血糖的功效，適合糖尿病人飲用，可用代糖來代替蜂蜜調味。

過敏是一種常見的病況，常表現為皮膚、呼吸系統及消化系統病變或異常，主要是由患者本身過敏體質所致，常在季節交替或飲食變化時發作及加重。

過敏

飲食原則　☑ 清淡　☑ 低蛋白　☒ 刺激性食物　☒ 發物

預防過敏的明星營養素

營養素	功能	來源
胡蘿蔔素	強化黏膜功能，防過敏	胡蘿蔔、菠菜等黃綠色蔬菜
維生素B群	維持正常的神經傳導作用，預防多發性神經炎	白米、小米等穀類以及黑豆、綠豆等豆類
維生素C	抗氧化，促進膠原蛋白合成，減輕過敏所致的發炎反應	青江菜、白蘿蔔等蔬菜及檸檬等水果

黑棗豆漿

滋潤皮膚、調養身體

| 黑豆50克 | 熟黑芝麻15克 | 黑棗15克 | 冰糖15克 |

做法

1. 黑豆用清水浸泡8～12小時，洗淨；黑棗洗淨，去核，切碎；黑芝麻碾碎。
2. 將黑豆、黑芝麻碎和黑棗碎倒入全自動豆漿機中，加水至上、下水位線之間，按下「豆漿」鍵，煮至豆漿機提示豆漿做好，過濾後加冰糖攪拌至溶化即可。

養生功效解析

黑豆		黑棗		
富含礦物質和抗氧化物質，可提高身體抵抗力，補益肝腎、滋潤皮膚		滋補肝腎、潤燥生津，並能增強免疫力		滋潤皮膚，可用於過敏解緩期的調養

蜂蜜青江菜汁

保護呼吸道、預防過敏

青江菜50克　白蘿蔔80克　牛奶200cc　蜂蜜適量

做法

1. 青江菜、白蘿蔔分別洗淨，切小段。
2. 將切好的食材以及牛奶一起倒入全自動豆漿機中，按下「蔬果汁」鍵，攪打均勻後將蔬果汁倒入杯中，加入蜂蜜攪勻即可。

養生功效解析

此款蔬果汁富含維生素C和胡蘿蔔素，可保護呼吸道黏膜，有效預防和改善過敏症狀。

特別提醒

除預防過敏之外，此款蔬果汁也可提高人體對感冒病毒的抵抗力。

胡蘿蔔汁

預防花粉過敏

胡蘿蔔100克　蜂蜜適量

做法

1. 胡蘿蔔洗淨，切小段。
2. 將切好的胡蘿蔔倒入全自動豆漿機中，加入適量的冷開水，按下「蔬果汁」鍵，攪打均勻後倒入杯中，加入蜂蜜攪勻即可。

養生功效解析

此款胡蘿蔔汁富含胡蘿蔔素、維生素C，可有效預防花粉過敏症、過敏性皮膚炎等過敏反應。

特別提醒

每天喝1匙的蜂蜜可解緩氣喘、搔癢、咳嗽等季節性過敏症狀，選用蜂蜜調味，抗過敏效果加倍。

氣喘是一種慢性呼吸道疾病，多在夜間或淩晨發生，常表現出反覆發作的喘息、呼氣急促、胸悶和咳嗽。中醫認為氣喘多為「宿痰內伏於肺」，加上外感、飲食、勞累等誘發，因此合宜的飲食調理是防治氣喘的有效途徑。

氣喘

飲食原則 ☑ 清淡 ☑ 低鹽 ☒ 高脂 ☒ 高糖 ☒ 生冷

預防氣喘的明星營養素

營養素	功能	來源
植物蛋白	既可補充必需的營養物質，又可防過敏	豆類、豆製品等
維生素C	減低氧的需要量，對氣喘患者有益	核桃仁等堅果類以及豌豆、黑豆等豆類
維生素E	預防氣喘發作，減輕過敏性氣喘症狀	蘋果、梨、蓮藕等蔬菜和水果

豌豆50克　小米20克　冰糖10克

豌豆小米豆漿

增強免疫力，解緩氣喘症狀

做法

1. 豌豆淘洗乾淨，用清水浸泡8~12小時；小米淘洗乾淨，用清水浸泡2小時。
2. 將上述食材倒入全自動豆漿機中，加水至上、下水位線之間，按下「豆漿」鍵，煮至豆漿機提示豆漿做好，過濾後加冰糖攪拌至溶化即可。

特別提醒

這款豆漿性較寒涼，氣滯和體質偏寒者不宜過多飲用。

養生功效解析

豌豆 富含谷氨酸，可補充氣喘患者體內對該物質的缺失		小米 味甘、性涼，可補虛，適用於體虛氣喘患者		增強免疫力，解緩氣喘症狀

黑米核桃漿

鎮咳止喘、潤肺養神

黑米60克　核桃25克　白米25克

做法

1. 黑米、白米淘洗乾淨，用清水浸泡2小時；核桃切碎。
2. 將全部食材倒入全自動豆漿機中，加水至上、下水位線間，按下「米漿」鍵，煮至豆漿機提示米漿做好即可。

養生功效解析

此款米漿可補益中氣、增強體質、潤肺止咳，解緩氣短等氣喘症狀。

蓮藕蘋果汁

止咳、止喘

蓮藕150克　蘋果100克　檸檬30克　蜂蜜適量

做法

1. 蘋果洗淨，去皮、去核，切小塊；蓮藕洗淨，切小塊；檸檬去皮、去。
2. 將上述食材倒入全自動豆漿機中，加入少量涼飲用水，按下「蔬果汁」鍵，攪打均勻後，過濾倒入杯中，加入蜂蜜調味即可。

養生功效解析

此款蔬果汁具有止咳、止喘的功效，適合氣喘及久咳不癒者飲用。

特別提醒

如果想要攝取更多的飲食纖維，達到排毒效果，此款蔬果汁也可不過濾。

當人體抵抗力下降，不能適應氣候變化，或是飲食不當、勞累及情緒失調時，都會導致咳嗽。無論大人還是孩子，如有咳嗽症狀除了針對此病況進行藥物治療外，如能再配合一些飲食調理，便能更快地治癒咳嗽。

咳嗽

飲食原則 ☑ 清淡 ☑ 易消化 ☒ 油膩 ☒ 辛辣 ☒ 發物

預防咳嗽的明星營養素

營養素	功能	來源
蛋白質	增強人體免疫功能	豆類、蛋類、肉類等
胡蘿蔔素	維持上皮組織健康，保護呼吸道黏膜	胡蘿蔔、青江菜、動物肝臟、蛋類
維生素C	抵抗外界有害物質，提高免疫力	雪梨、楊桃、柳丁等

黃豆70克　白果15克　冰糖20克

白果黃豆豆漿

改善乾咳無痰、咯痰帶血

做法

1. 黃豆用清水浸泡8～12小時，洗淨；白果去外殼。
2. 把白果和浸泡好的黃豆一同倒入全自動豆漿機中，加水至上、下水位線之間，按下「豆漿」鍵，煮至豆漿機提示豆漿做好，加冰糖攪拌至溶化飲用即可。

特別提醒

白果有毒，多食用會使人腹脹，最好是熟食，成年人每天不超過20顆為宜。

養生功效解析

白果
補肺益腎、斂肺氣，對乾咳無痰、咯痰帶血有較好的食療作用

＋

冰糖
止咳止喘，適用於肺燥咳嗽等症狀

＝

止咳、潤肺，改善乾咳等症狀

荸薺雪梨汁

鎮咳止喘、潤肺養神

荸薺(馬蹄) 雪梨150克 蜂蜜適量
60克

做法

1. 荸薺(馬蹄)去皮，洗淨，切小塊；雪梨洗淨，去皮、去子，切塊。
2. 將上述食材倒入全自動豆漿機中，加入適量涼飲用水按下「蔬果汁」鍵，豆漿機提示做好後倒入杯中，加入蜂蜜攪勻即可。

養生功效解析

此款果汁清心解毒，有明顯的止咳效果，適用於咳嗽氣短等症狀。

特別提醒

若在此款果汁中加入蓮藕和蘆根，還可用於熱毒性肺炎的食療。

楊桃潤嗓汁

順氣潤肺、生津化痰

楊桃50克 金桔100克 柳丁100克 蘋果75克

蜂蜜適量

做法

1. 楊桃削去邊，洗淨，切小塊；金桔洗淨，切半；柳丁去皮、子，切塊；蘋果洗淨，去皮，去子，切小塊。
2. 將上述食材倒入全自動豆漿機中，加入適量涼飲用水按下「蔬果汁」鍵，豆漿機提示做好後倒入杯中，加入蜂蜜攪勻即可。

特別提醒

此款果汁對於咽喉腫痛、聲音沙啞等症狀也有良好療效，適合感冒患者飲用。

養生功效解析

此款果汁可保護氣管，生津止咳，潤肺化痰，解緩咳嗽症狀。

精神緊張、過度勞累、胃活動力減弱、暴飲暴食或者經常過量進食高脂肪、高熱量食物等都會引起食慾下降、消化不良。改善此症狀的最好方式就是調整飲食，改善味覺功能，增加消化液分泌，促進食物的消化和吸收。

消化不良

飲食原則 ☑ 清淡 ☑ 易消化 ☒ 油炸 ☒ 辛辣

助消化的明星營養素

營養素	功能	來源
果膠	吸附毒素和代謝廢物，加速排便	蘋果、香瓜、哈密瓜等
有機酸	增加胃液分泌，促進腸胃蠕動	番茄、蘋果等
酶類	澱粉酶、多酚氧化酶等物質，可促進消化吸收	山藥、南瓜等

黃豆50克　蘆筍25克　山藥25克

蘆筍山藥豆漿
健脾胃、助消化

做法

1. 黃豆洗淨，用清水浸泡8～12小時，洗淨；蘆筍洗淨，切小段；山藥去皮，洗淨，切小塊。

2. 將上述食材一同倒入全自動豆漿機中，加水至上、下水位線間，按下「豆漿」鍵，煮至豆漿機提示豆漿做好後過濾即可。

養生功效解析

蘆筍		山藥		
富含多種營養物質，可增強食慾，助消化	＋	健脾補虛、幫助消化、增強食慾	＝	**健脾益胃、幫助消化**

小米漿

養胃滋補、助消化

小米80克　紅棗10克　紅糖15克

做法

1. 小米淘洗乾淨，用清水浸泡2小時；紅棗洗淨，用溫水浸泡半小時，去核。
2. 將上述食材倒入全自動豆漿機中，加水至上、下水位線之間，按下「米漿」鍵，煮至豆漿機提示米漿做好後，加入紅糖攪拌至溶化即可。

養生功效解析

此款米漿有滋陰、養胃、養血的功效，還有助消化、開胃的作用。

特別提醒

此款米漿還有淡斑、護膚和延緩衰老的作用，也適合體質虛寒的產婦調養食用。

香瓜檸檬汁

提高食欲、幫助消化

香瓜150克　檸檬60克　蜂蜜適量

做法

1. 香瓜、檸檬洗淨，去皮、去籽，切小塊。
2. 將上述食材倒入全自動豆漿機中，加入適量的冷開水，按下「蔬果汁」鍵，豆漿機提示做好後倒入杯中，加入蜂蜜攪勻即可。

養生功效解析

此款果汁口味香甜清爽，飯前飲用可提高食欲，飯後飲用還可助消化。

特別提醒

此款果汁熱量不高，減肥的人也可飲用。

經痛及月經不順多與環境、飲食改變所致的內分泌失調有關。
有經痛症狀的女性，如能在飲食上避開容易引發或加重經痛的
食物，選擇可解緩經痛的食物，即可有效改善症狀。

經痛
月經不順

飲食原則 ✓ 滋補性食物 ✗ 抽煙 ✗ 飲酒 ✗ 生冷 ✗ 辛辣

調理月經的明星營養素

營養素	功能	來源
鐵	補血，預防缺鐵性貧血	紅棗、櫻桃、動物肝臟等
蛋白質	補充血漿蛋白，保持體力	豆類、蛋類、肉類
鈣	避免經痛及經期症候群的發生	乳製品、蛋類、水產品以及各種堅果、乾果等

黃豆50克　山藥20克　薏仁20克　冰糖15克

山藥薏仁豆漿

調經止痛、行氣活血

做法

1. 黃豆用清水浸泡8～12小時，洗淨；薏仁淘
   洗乾淨，用清水浸泡2小時；山藥去皮，洗
   淨，切小塊。
2. 將上述食材一同倒入全自動豆漿機中，加水
   至上、下水位線之間，按下「豆漿」鍵，煮
   至豆漿機提示豆漿做好，過濾後加冰糖攪拌
   至溶化即可。

特別提醒

此款豆漿糖尿病患者飲用時不要加糖。

養生功效解析

山藥		薏仁		
清熱解毒、健脾補虛、調經止痛		健脾益胃、滋陰去火、行氣活血		補氣活血，適合經痛及脾胃虛弱的女性飲用

當歸米漿

改善氣血不足、月經不順

白米60克　　當歸15克　　紅棗10克

做法

1. 當歸用熱水浸泡15分鐘，煎出汁，除去渣後倒入豆漿機中。
2. 白米淘洗乾淨，用清水浸泡2小時；紅棗洗淨，用溫水浸泡半小時，去核。
3. 將全部食材倒入全自動豆漿機中，加適量水至上、下水位線間，按下「米漿」鍵，煮至豆漿機提示米漿做好即可。

養生功效解析

這道米漿對氣血不足、月經不順、經痛、眩暈等有很好的治療效果。

特別提醒

紅棗去核的方法：先洗淨，然後用刀背拍扁後，將核取出來，這樣不易有碎核。

番茄鳳梨汁

活血化瘀

番茄100克　　鳳梨100克　　蜂蜜適量　　鹽少許

做法

1. 番茄、鳳梨分別洗淨，去皮，切小塊，鳳梨塊放入鹽水中浸泡15分鐘。
2. 將上述食材倒入全自動豆漿機中，加入適量的冷開水，按下「蔬果汁」鍵，豆漿機提示做好後倒入杯中，加入蜂蜜攪勻即可。

養生功效解析

此款蔬果汁口味酸甜，可活血化瘀，解緩月經期間容易出現的瘀血症狀。

特別提醒

此款蔬果汁熱量較低，還可補充維生素，促進脂肪代謝，減肥的人可經常飲用。

腹瀉是一種常見症狀，攝取過多難以消化的食物、生冷食物或食物搭配不當、飲食不清潔等都會造成腹瀉。腹瀉與飲食密切相關，無論是急性腹瀉還是慢性腹瀉，只要用適當的飲食調理，對病況的康復都很有幫助。

腹瀉

飲食原則 ✔ 半流質食物 ✔ 高蛋白 ✔ 高熱量 ✘ 油膩 ✘ 生冷 ✘ 甜食

防治腹瀉的明星營養素

營養素	功能	來源
碳水化合物	迅速補充體力和能量	小米、白米等穀類以及豌豆等豆類
蛋白質	補充流失的營養物質，保持體力	豆類、蛋類、肉類
有機酸	調整腸道菌平衡，收斂止瀉，改善腹瀉	山楂、蘋果等

豌豆糯米小米豆漿

抗菌、防治腹瀉

小米50克　豌豆15克　糯米15克　冰糖10克

做法

1. 豌豆用清水浸泡8～12小時，洗淨；小米、糯米淘洗乾淨，用清水浸泡2小時。

2. 將豌豆、糯米和小米倒入全自動豆漿機中，加水至上、下水位線間，按下「豆漿」鍵，煮至豆漿機提示豆漿做好，過濾後加冰糖攪拌至溶化即可。

養生功效解析

豌豆
富含人體所需的多種營養物質，可抗菌消炎，對治療腹瀉有很好的效果

＋

糯米
性溫、味甘，可補益中氣、健脾養胃，對脾虛腹瀉有很好的療效

＝

強健腸胃，抗菌，防治腹瀉

芡實米漿

益腎固精、健脾止瀉

糯米60克　　芡實20克

做法

1. 糯米淘洗乾淨，用清水浸泡2小時；芡實洗淨，用清水浸泡4小時。
2. 將全部食材倒入全自動豆漿機中，加水至上、下水位線之間，按下「米漿」鍵，煮至豆漿機提示米漿做好即可。

養生功效解析

此款米漿可補脾止瀉、固精益腎，適用於脾虛泄瀉者。

特別提醒

芡實也可先炒黃後再做米漿，味道更香。

糯米蓮子山藥漿

補脾止瀉、滋補元氣

糯米60克　　蓮子20克　　山藥20克　　紅棗20克

紅糖15克

做法

1. 糯米淘洗乾淨，用清水浸泡2小時；蓮子去蓮心，用清水浸泡2小時，洗淨；山藥洗淨，去皮，切小塊；紅棗洗淨，用溫水浸泡半小時，去核。
2. 將上述食材倒入全自動豆漿機中，加水至上、下水位線之間，按下「米漿」鍵，煮至豆漿機提示米漿做好，加入紅糖攪拌至溶化即可。

特別提醒

新鮮山藥的黏液會使皮膚發癢，切山藥後可用清水沖手，再加少許醋清洗。

養生功效解析

此款糯米蓮子山藥漿可補脾止瀉、健胃益腎、滋補元氣，適用於脾虛泄瀉者。

飲食與血壓密切相關，適當飲食有利於血壓調節。病情較輕的高血壓患者如保持適當的飲食方法及健康的生活方式，可將血壓降至正常範圍，不用服用降壓藥；而中、重度高血壓患者適當飲食，不但對降低血壓有益，還能預防或延緩併發症發生。

高血壓

（飲食原則） ☑ 少油 ☑ 少鹽 ☑ 多蔬果 ☒ 高油脂 ☒ 咖啡因 ☒ 抽煙 ☒ 飲酒

（預防高血壓的明星營養素）

營養素	功能	來源
維生素B群	幫助脂肪、碳水化合物代謝	牛奶以及芝麻等穀類、豆類
維生素C	維護血管健康	蔬菜、柳橙、檸檬、奇異果等
鉀	維持體內的低鈉環境，從而維持血壓正常	葡萄柚、草莓、芹菜等
鈣	維持正常的血液狀態	菠菜、櫻桃、牛奶、蝦殼、海帶、紫菜等
飲食纖維	清除體內膽固醇，排除多餘脂肪	糙米、薏仁、燕麥、蘋果、菠菜、芹菜等

黑豆50克　青豆25克　薏仁25克　冰糖10克

黑豆青豆薏仁豆漿

促進血液流通

做法

1. 黑豆和青豆用清水浸泡8～12小時，洗淨；薏仁淘洗乾淨，用清水浸泡2小時。
2. 將浸泡好的黑豆、青豆和薏仁倒入全自動豆漿機中，加水至上、下水位線之間，按下「豆漿」鍵，煮至豆漿機提示豆漿做好，過濾後加冰糖攪拌至溶化即可。

養生功效解析

黑豆
富含鈣、鎂等礦物質，可擴張血管、促進血液流通，解緩高血壓症狀

薏仁
有較強的利水及去濕功效，對於痰濕內阻造成的脾胃虛弱型高血壓患者非常適宜

＝ 促進血液流通，非常適合痰濕內阻造成的脾胃虛弱型高血壓患者

綠茶白米豆漿

降壓、清熱

白米50克　黃豆50克　綠茶8克

做法

1. 黃豆用清水浸泡8～12小時，洗淨；白米淘洗乾淨，用清水浸泡2小時；綠茶先沖泡成茶。
2. 將白米及黃豆倒入全自動豆漿機中，加水至上、下水位線之間，按下「豆漿」鍵，煮至豆漿機提示豆漿做好，過濾後加入泡好的綠茶攪勻即可。

特別提醒

這款豆漿還有健脾除濕、固腎益精的作用，非糖尿病患者飲用時可加入冰糖或鹽調味。

養生功效解析

綠茶可清熱解毒、防治高血壓，黃豆含優質蛋白和亞油酸，可有效降低膽固醇，預防高血壓、心臟病和動脈硬化等疾病。

西芹汁

促進排鈉，增加血管彈性

西芹150克　蜂蜜適量

做法

1. 將西芹洗淨，切小段。
2. 將西芹倒入全自動豆漿機中，加入適量的冷開水，按下「蔬果汁」鍵，待豆漿機提示蔬果汁做好後倒入杯中，加入蜂蜜攪勻即可。

養生功效解析

西芹富含鉀離子，可促進鈉離子的排出，增加血管彈性，對於高血壓、心臟病及動脈硬化都有較好的防治作用。

特別提醒

西芹還有安神助眠的效果，睡眠品質不佳者適合多飲西芹汁。

糖尿病

糖尿病是一種慢性的全身性疾病，因體內胰島素分泌不足或胰島素在體內作用不良（胰島素阻抗性），以致於代謝紊亂、長期高血糖。典型症狀是吃多、喝多、尿多及體重減少。適當的調整飲食，可降低血糖濃度，進而控制糖尿病的發生和發展。

飲食原則 ☑ 少油 ☑ 少鹽 ☑ 進食規律 ☒ 甜食 ☒ 煎炸食物

預防糖尿病的明星營養素

營養素	功能	來源
維生素E	延緩細胞衰老，促進膽固醇的分解、代謝	豆類、堅果、穀物
維生素C	抗氧化，可延緩或改善糖尿病周圍神經病變	綠葉蔬菜和水果
維生素B群	增加胰島素敏感性，改善葡萄糖的利用	深綠色蔬菜、肉類

黃豆50克　山藥50克

山藥豆漿
控制飯後血糖升高

做法

1. 黃豆用清水浸泡8～12小時，洗淨；山藥洗淨，去皮，切小塊。
2. 將上述食材倒入全自動豆漿機中，加水至上、下水位線之間，按下「豆漿」鍵，煮至豆漿機提示豆漿做好，過濾後加冰糖攪拌至溶化即可。

養生功效解析

黃豆
其含有的植物雌激素可提高胰島素的敏感性，豆類蛋白能顯著降低食物的消化速度，延緩葡萄糖的產生

＋

山藥
含有可溶性膳食纖維，能夠延遲胃中食物排空，控制飯後血糖升高，降低血糖

＝

控制血糖升高，適合糖尿病患者飲用

玉米燕麥漿

降糖降壓、減肥潤膚

燕麥片50克　鮮玉米粒 100克

做法

1. 鮮玉米粒洗淨。
2. 將燕麥片、鮮玉米粒倒入全自動豆漿機中，加水至上、下水位線間，按下「米漿」鍵，煮至豆漿機提示米漿做好即可。

養生功效解析

此款玉米燕麥漿富含膳食纖維，有降低血糖、血壓，減肥及美膚等功效，可防治糖尿病、高血壓、動脈硬化等心血管疾病。

番茄高麗菜汁

淨化血液、消脂降糖

番茄150克　高麗菜(椰菜) 150克　李子20克　蜂蜜適量

做法

1. 番茄洗淨，去皮，切小塊；高麗菜洗淨，剝成小片；李子洗淨，去核。
2. 將上述食材倒入全自動豆漿機中，加入適量涼飲用水，按下「蔬果汁」鍵，豆漿機提示做好後倒入杯中，加入蜂蜜攪勻即可。

養生功效解析

此款蔬果汁以高麗菜為主，熱量較低，可淨化血液、消脂減肥，適合糖尿病人及肥胖者飲用。

血脂異常

血脂異常的發病率和飲食習慣關係密切。患有血脂異常的人儘早改善飲食結構，是治療血脂異常的首要步驟，也是降血脂藥物治療不可缺少的前提。對於某些家族遺傳的血脂異常患者，如果能注意飲食，也可達到較好的預防作用。

飲食原則　✔少油　✔少鹽　✘高膽固醇　✘甜食　✘燻烤食物

預防血脂異常的明星營養素

營養素	功能	來源
維生素E	能促進膽固醇的分解、代謝、轉化	豆類、堅果、穀物
維生素C	能有效降低膽固醇指數，對血脂指數有較好的改善作用	綠葉蔬菜和水果
胡蘿蔔素	能改善血脂水準，預防動脈硬化、冠心病、腦中風等高脂血症併發症	黃色、綠色蔬菜
膳食纖維	能促進膽固醇的代謝，減少人體對膽固醇的吸收	蔬菜、水果

黃豆50克　蕎麥米20克　山楂10克　冰糖15克

蕎麥山楂豆漿

調節脂質代謝，軟化血管

做法

1. 黃豆用清水浸泡8～12小時，洗淨；蕎麥米淘洗乾淨，用清水浸泡2小時；山楂洗淨，去蒂，除籽。
2. 將黃豆、蕎麥米和山楂倒入全自動豆漿機中，加水至上、下水位線間，按下「豆漿」鍵，煮至豆漿機提示豆漿做好，過濾後加冰糖攪拌至溶化即可。

養生功效解析

蕎麥		山楂		
含有生物類黃酮，可調節脂質代謝，軟化血管		富含有機酸，可降低血膽固醇含量		調節脂質代謝，降低血膽固醇

栗子燕麥豆漿

降低體內膽固醇

黃豆60克　熟栗子50克　燕麥片20克　冰糖15克

做法

1. 黃豆用清水浸泡8～12小時，洗淨；熟栗子去殼、去皮，切小塊。
2. 將黃豆、栗子、燕麥片倒入全自動豆漿機中，加水至上、下水位線間，按下「豆漿」鍵，煮至豆漿機提示豆漿做好，過濾後倒入杯中，加入冰糖攪拌至溶化即可。

養生功效解析

此款豆漿可有效促進膽固醇代謝，減少膽固醇在血管內的堆積，防治高脂血症等心血管疾病。

蘋果蘆薈汁

降低膽固醇，防止血栓形成

蘋果150克　蘆薈20克　蜂蜜適量

做法

1. 蘋果洗淨，去皮、去核，切小塊；蘆薈洗淨，切小塊。
2. 將上述食材倒入全自動豆漿機中，加入適量涼飲用水，按下「蔬果汁」鍵，豆漿機提示做好後倒入杯中，加入蜂蜜攪勻即可。

養生功效解析

蘆薈中所含的異檸檬酸鈣及蘋果中的膳食纖維等具有降低血脂含量、促進血液循環、軟化血管的作用。

特別提醒

蘆薈有催瀉、通經等作用，適量飲用蘆薈汁可解便秘。

動脈硬化，是指動脈血管充滿粥狀硬化、動脈血管變窄及血管閉塞，使動脈供血量減少，進而引起的病理變化。流行病學表明，飲食因素是致病的關鍵因素，因此適當的飲食調養是預防動脈硬化的重要措施。

動脈硬化

飲食原則 ☑ 少油 ☑ 少鹽 ☒ 高膽固醇 ☒ 煎炸食物

預防動脈硬化的明星營養素

營養素	功能	來源
不飽和脂肪酸	降低血清膽固醇含量	各種豆類、堅果等
維生素C	調節膽固醇代謝，增加血管的緻密性	各種綠葉蔬菜和水果
礦物質	碘、鈣、鉀、鎂等礦物質可降低膽固醇，預防動脈硬化	各種蔬菜、水果以及水產品

玉米豆漿

黃豆30克　鮮玉米粒100克

抗血管硬化，預防高血壓、冠心病

做法

1. 黃豆用清水浸泡8~12小時，洗淨；鮮玉米粒洗淨。
2. 將全部食材倒入全自動豆漿機中，加水至上、下水位線間，按下「豆漿」鍵，煮至豆漿機提示豆漿做好，過濾即可。

養生功效解析

黃豆
富含優質蛋白質和亞油酸，可有效降低膽固醇，預防高血壓、冠心病和動脈硬化等疾病

玉米
富含膳食纖維，可有效降低血糖、血壓，防治動脈硬化

增加血管彈性，防治動脈硬化

栗子豆漿

促進膽固醇代謝，預防動脈硬化

黃豆60克　熟栗子50克

做法

1. 黃豆用清水浸泡8～12小時，洗淨；栗子去殼、去皮，切小塊。
2. 將全部食材倒入全自動豆漿機中，加水至上、下水位線間，按下「豆漿」鍵，煮至豆漿機提示豆漿做好，過濾後倒入杯中即可。

特別提醒

高血壓、腎臟病患者應慎飲此款豆漿。因為腎臟病患者體內的鉀不容易排出體外，吃黃豆太多，很容易導致高鉀血症。

養生功效解析

栗子和黃豆均可促進膽固醇代謝，減少膽固醇在血管內的堆積，預防動脈硬化，防治心血管疾病。

十穀米漿

預防冠心病、血管硬化、中風等

十穀米80克　熟花生10克　冰糖15克

做法

1. 十穀米淘洗乾淨，用清水浸泡2小時。
2. 將十穀米及熟花生倒入全自動豆漿機中，加水至上、下水位線之間，按下「米漿」鍵，煮至豆漿機提示米漿做好，加入冰糖攪拌至溶化即可。

特別提醒

若買不到現成的十穀米，也可自己配，十穀米包含糙米、黑米、小米、小麥仁、蕎麥、芡實、燕麥片、薏仁、蓮子、玉米。

養生功效解析

十穀米富含維生素和酶類，化生富含不飽和脂肪酸，一起打成豆漿可改善血液循環，預防心臟病、心肌梗塞、血管硬化、中風等心血管疾病。

冠心病是指膽固醇沉積在冠狀動脈血管壁，導致動脈狹窄或阻塞，引起心肌缺血、缺氧或心肌壞死的一種心臟病，是危害中老年人健康的常見疾病。冠心病的預防和控制，適當的飲食不可缺少。

冠心病

飲食原則 ☑ 低膽固醇 ☑ 少鹽 ☑ 低脂 ✗ 高熱量 ✗ 抽煙 ✗ 飲酒

預防冠心病的明星營養素

營養素	功能	來源
黃酮類物質	預防心臟病及心肌梗塞	紅茶、洋蔥、綠葉菜、番茄、蘋果、山楂等
維生素C	調節膽固醇代謝，增加血管的緻密性	綠葉蔬菜和水果
碘	防止脂質在動脈壁沉澱	藻類等水產品

黃豆45克　　紅棗20克　　枸杞10克

杞棗豆漿

養護心肌、預防心臟病

做法

1. 黃豆用清水浸泡8～12小時，洗淨；紅棗洗淨，去核，切碎；枸杞洗淨，用清水泡軟。
2. 把上述食材一同倒入全自動豆漿機中，加水至上、下水位線之間，按下「豆漿」鍵，煮至豆漿機提示豆漿做好即可。

養生功效解析

紅棗		枸杞		
有增加心肌收縮力、改善心肌營養的作用		中醫認為，紅色食物能養心，對心臟病可達到預防作用		養護心肌，預防心臟病

玉米黃豆漿

降低膽固醇、預防冠心病

白米20克　鮮玉米粒80克　黃豆25克

做法

1. 黃豆淘洗乾淨，用清水浸泡8～12小時；白米淘洗乾淨，浸泡2小時；鮮玉米粒洗淨。
2. 將全部食材倒入全自動豆漿機中，加水至上、下水位線之間，按下「米漿」鍵，煮至豆漿機提示米漿做好即可。

養生功效解析

玉米可降低膽固醇，黃豆富含優質蛋白質和亞油酸，這些營養物質能夠防止血栓形成，有效防治冠心病、動脈硬化等心血管疾病。

特別提醒

發黴變質的玉米有致癌作用，不要食用。

西芹蘋果汁

安神、預防冠心病

蘋果150克　西芹50克　檸檬30克

做法

1. 西芹洗乾淨，切小段；蘋果、檸檬分別洗淨，去皮、去核，切小塊。
2. 將上述食材倒入全自動豆漿機中，加入適量涼飲用水，按下「蔬果汁」鍵，豆漿機提示做好後倒入杯中即可。

特別提醒

冠心病患者在選擇水果時需謹慎，可適量多吃蘋果、西瓜、山楂、香蕉、奇異果等水果。

影響血液生成的兩大因素主要是造血功能和造血原料，造血原料主要來源於飲食，因此調理好日常的飲食營養對防治貧血是十分重要的。

貧血

飲食原則　☑ 高蛋白　☑ 高膳食纖維　☑ 低脂　☒ 偏食　☒ 煙、酒

預防貧血的明星營養素

營養素	功能	來源
維生素E	延緩細胞衰老，促進膽固醇的分解、代謝	豆類、堅果、穀物
維生素C	抗氧化，可延緩或改善糖尿病周圍神經病變	綠葉蔬菜和水果
維生素B群	增加胰島素敏感性，改善葡萄糖的利用	深綠色蔬菜、肉類

紅豆60克　桂圓15克

紅豆桂圓豆漿
改善心血不足及貧血頭暈

做法

1. 紅豆淘洗乾淨，用清水浸泡4～6小時；桂圓去殼、去核，取桂圓肉切塊。
2. 將紅豆和桂圓肉倒入全自動豆漿機中，加水至上、下水位線間，按下「豆漿」鍵，煮至豆漿機提示豆漿做好，過濾後倒入杯中即可。

特別提醒

桂圓性溫，味甘，患有熱病者不宜飲用，孕婦也不宜飲用。

養生功效解析

紅豆		桂圓		
行氣補血，尤其對補心血有益，非常適合心血不足的女性食用	＋	補脾益氣、養血安神，可改善貧血所引起的頭暈	＝	補脾、養血、改善心血不足及貧血頭暈

紅棗核桃米漿

補血益氣、預防貧血

白米50克　紅棗20克　核桃30克

做法

1. 白米淘洗乾淨，用清水浸泡2小時；紅棗洗淨，用溫水浸泡半小時，去核。
2. 將全部食材倒入全自動豆漿機中，加水至上、下水位線之間，按下「米漿」鍵，煮至豆漿機提示米漿做好即可。

養生功效解析

補血益氣、健脾益胃，改善血液循環，預防貧血和早衰。

特別提醒

紅棗含糖量高，尤其是製成零食的紅棗，不適合糖尿病患者吃。

 # 草莓葡萄柚汁

促進紅細胞生成，預防貧血

草莓50克　葡萄柚(西柚)　蜂蜜適量
　　　　　　150克

做法

1. 葡萄柚洗淨，去皮、去核，切塊；草莓洗淨，去蒂，切塊。
2. 將上述食材倒入全自動豆漿機中，加入適量的冷開水，按下「蔬果汁」鍵，豆漿機提示做好後，倒入杯中，加入蜂蜜攪勻即可。

養生功效解析

草莓中的葉酸和維生素B12能夠互相作用，從而促進紅細胞的生成，有預防貧血的作用。

特別提醒

草莓含有豐富的維生素C，每天吃七、八個即可滿足身體所需的維生素C。

脂肪肝最常見的原因是脂肪和糖攝取過量，加速了肝臟細胞的脂肪變性。所以，防治脂肪肝最好由控制飲食入手。正確的飲食，對控制病情發展，防止併發症及促進康復均十分有益處。

脂肪肝

飲食原則 ✔ 膳食纖維 ✔ 低糖 ✔ 低脂 ✘ 辛辣 ✘ 抽煙 ✘ 飲酒

預防脂肪肝的明星營養素

營養素	功能	來源
蛋白質	促使脂肪變為脂蛋白，有利於將其運出肝臟，防止脂肪浸潤	豆類、蛋類、肉類
各種維生素	保護肝細胞，防止毒素對肝細胞的損害	蔬菜、水果、動物肝臟等
膳食纖維	有利於代謝廢物的排出，調節血脂、血糖指數	粗糧、豆類、菌類等

黃豆50克　鮮玉米粒60克　葡萄60克

玉米葡萄豆漿

預防脂肪肝、養肝

做法

1. 黃豆用清水浸泡8～12小時，洗淨；鮮玉米粒洗淨；葡萄洗淨，去核。
2. 把上述食材一同倒入全自動豆漿機中，加水至上、下水位線之間，按下「豆漿」鍵，煮至豆漿機提示豆漿做好，過濾即可。

養生功效解析

黃豆		葡萄		
富含不飽和脂肪酸和大豆卵磷脂，可防止脂肪肝形成	**+**	富含葡萄糖及多種維生素，有補血益氣，益肝陰的功效，強肝、保肝效果尤佳	**=**	增強肝臟功能，預防脂肪肝

紅薯白米漿

降低血膽固醇含量

紅薯100克　白米60克

冰糖15克

做法

1. 白米淘洗乾淨,用清水浸泡2小時;紅薯洗淨,去皮,切丁。
2. 將白米、紅薯丁倒入全自動豆漿機中,加水至上、下水位線之間,按下「米漿」鍵,煮至豆漿機提示米漿做好後,加入冰糖攪拌至溶化即可。

特別提醒

紅薯雖然可生食,但最好吃熟的,否則不利消化和營養吸收,容易引起脹氣。

養生功效解析

紅薯		白米		
富含膳食纖維,可降血膽固醇,減少脂肪堆積		富含蛋白質和氨基酸,可補中養胃、益精強志、調和五臟		補中和血,降低膽固醇,預防脂肪肝

骨質疏鬆症是近年來越來越常見的一種全身性骨骼疾病，導致病症的一個重要因素就是飲食中缺乏蛋白質和鈣等營養素。透過適當的飲食來補充流失的鈣質，搭配適量的運動等，可以有效防治骨質疏鬆。

骨質疏鬆

飲食原則 ☑ 高蛋白 ☑ 高鈣 ✗ 咖啡因 ✗ 飲酒

預防骨質疏鬆的明星營養素

營養素	功能	來源
蛋白質	組成骨基質的原料，可增加鈣的吸收和儲存，防止和延緩骨質疏鬆	豆類、蛋類、肉類
鈣	組成骨質的主要成分之一	牛奶、豆製品、水產品等
維生素C	有利於膠原蛋白的合成，維持骨骼的韌性	各種蔬菜、水果等

黃豆50克　牛奶100cc　熟芝麻15克

牛奶黑芝麻豆漿

補充鈣質、防治骨質疏鬆

做法

1. 黃豆用清水浸泡8～12小時，洗淨；熟黑芝麻搗碎。
2. 將黃豆和熟黑芝麻倒入全自動豆漿機中，加水至上、下水位線間，按下「豆漿」鍵，煮至豆漿機提示豆漿做好，加牛奶攪拌均勻即可。

養生功效解析

| **牛奶**
含有乳糖和維生素D，能促進鈣質吸收 | **+** | **黑芝麻**
含有豐富的鈣、磷、鐵等 | **=** | **營養互補，補鈣功效更強，防治骨質疏鬆** |

紫菜蝦皮鹹豆漿

防治缺鈣引起的骨質疏鬆

黃豆40克　白米10克　紫菜5克　蝦皮10克

鹽少許

做法

1. 黃豆用清水浸泡8～12小時，洗淨；白米淘洗乾淨，浸泡2小時；紫菜撕成小片；蝦皮洗淨。

2. 將上述食材倒入全自動豆漿機中，加水至上、下水位線之間，按下「豆漿」鍵，煮至豆漿機提示豆漿做好，過濾後加鹽調味即可。

養生功效解析

蝦皮鈣含量很高，紫菜鎂含量很高，兩者合用，能促進鈣的吸收，為身體提供充足的鈣質，防治缺鈣引起的骨質疏鬆。

特別提醒

皮膚病患者不宜飲用這款豆漿，因為紫菜和蝦皮都屬於誘發物，不利於病情的恢復。

高鈣蔬果飲

鈣含量豐富，強健骨骼

香蕉100克　菠菜100克　牛奶200cc　蜂蜜適量

做法

1. 菠菜洗淨，汆燙後過涼水，切小段；香蕉去皮，切小塊。

2. 將菠菜、香蕉倒入全自動豆漿機中，加入牛奶，按下「蔬果汁」鍵，豆漿機提示做好後倒入杯中，加入蜂蜜攪勻即可。

養生功效解析

此款蔬果汁所選食材都含有豐富鈣質，一起食用可強健骨骼，有效防治骨質疏鬆。

特別提醒

此蔬果汁中的菠菜還可換成其他深綠色蔬菜，一般深綠色蔬菜都富含鈣質。

環境污染、化學毒素、輻射、自由基、遺傳、內分泌及免疫功能紊亂等都有可能導致身體正常細胞發生病變。癌症常表現為局部組織的細胞異常增生，形成局部腫塊。是否患癌症不僅和遺傳因素有關，跟平時的生活及飲食習慣也有密切關係。

癌症

飲食原則 ☑ 多飲水 ☑ 高膳食纖維 ☒ 高脂 ☒ 抽煙

預防癌症的明星營養素

營養素	功能	來源
花青素	抗氧化，抗衰老，消除體內自由基等致癌物	深綠色蔬菜、黃色蔬菜以及葡萄等深色水果
膳食纖維	促進新陳代謝，幫助身體排毒	各種穀物、蔬菜、菇菌等
維生素C	增強身體的抵抗力和免疫功能，阻止癌細胞生成擴散	各種蔬菜、水果等

黃豆50克　蕎麥米20克　小麥仁20克　冰糖15克

全麥豆漿

排毒、抗癌

做法

1. 黃豆用清水浸泡8～12小時，洗淨；蕎麥米、小麥仁分別淘洗乾淨，用清水浸泡2小時。
2. 將黃豆、蕎麥和小麥仁倒入全自動豆漿機中，加水至上、下水位線之間，按「豆漿」鍵，煮至豆漿機提示豆漿做好，過濾後加冰糖攪拌至溶化即可。

養生功效解析

蕎麥	小麥仁	
含有生物類黃酮，可調節脂質代謝，幫助身體排毒	富含膳食纖維，具有良好的潤腸通便、解毒抗癌的作用	**通便排毒、防癌抗癌**

蕎麥 含有生物類黃酮，可調節脂質代謝，幫助身體排毒 ➕ 小麥仁 富含膳食纖維，具有良好的潤腸通便、解毒抗癌的作用 ＝ **通便排毒、防癌抗癌**

紅薯米漿

通便排毒，預防癌症發生

 白米50克　 紅薯30克

 燕麥片20克

做法

1. 白米和燕麥淘洗乾淨，用清水浸泡2小時；紅薯洗淨，去皮，切成粒。
2. 將白米、燕麥和紅薯粒倒入全自動豆漿機中，加水至上、下水位線之間，按下「米漿」鍵，煮至豆漿機提示米漿做好即可。

特別提醒

此款米漿對於心血管、腦血管病患者、肝腎功能不全者及肥胖者都是保健調養佳品。

養生功效解析

紅薯		燕麥片		
通便排毒，有效抑制直腸癌的發生		抗氧化，降低膽固醇，排毒		通便排毒，預防癌症發生

高麗菜(椰菜) 蘋果100克
100克

檸檬60克　蜂蜜適量

高麗菜汁

改善激素代謝、預防癌症

做法

1. 蘋果、檸檬分別洗淨，去皮、去核，切小塊；高麗菜洗淨，撕成小片。

2. 將上述食材倒入全自動豆漿機中，加入適量的冷開水，按下「蔬果汁」鍵，豆漿機提示做好後倒入杯中，加入蜂蜜攪勻即可。

特別提醒

肥胖者或想減肥的人可常飲此蔬果汁，有消脂瘦身的效果。

養生功效解析

高麗菜		蘋果		
可改善體內激素代謝，降低癌症發生率，對女性乳腺癌的預防尤其有效	＋	富含膳食纖維，可以促進體內有毒物質的排出，可減肥、防癌	＝	消脂減肥，預防癌症

PART

6

適合全家人 豆漿、米漿、蔬果汁

懷孕期間，攝取全面而均衡的營養，是準媽媽的重要任務。新鮮的自製豆漿、米漿和蔬果汁，不但可以每天給準媽媽變換不同口味，而且能夠補充來自於天然食物中的各種營養素。

準媽媽

飲食原則　✓ 少刺激　✓ 少食多餐　✓ 多樣化　✓ 易消化　✗ 咖啡因　✗ 過鹹　✗ 過甜　✗ 過油膩

準媽媽的明星營養素

營養素	功能	來源
色葉酸	促進胎兒腦部發育	菠菜、蘆筍、豌豆、南瓜等
鈣	滿足準媽媽自身需要的同時，還保證胎兒的骨骼正常發育	牛奶、黃豆、雞蛋、芝麻、蝦等
維生素E	有助於穩定血壓，改善小腿抽筋的狀況	杏仁、核桃等堅果類
膳食纖維	加速腸道蠕動，解緩孕期便秘	燕麥、栗子、小米、薯類、小白菜、鳳梨等

雙豆小米豆漿

促進胎兒神經發育，增強準媽媽體質

黃豆50克　鮮豌豆25克

小米25克　冰糖10克

做法

1. 黃豆用清水浸泡8～12小時，洗淨；小米淘洗乾淨，用清水浸泡2小時；豌豆洗淨。
2. 將黃豆、小米和豌豆倒入全自動豆漿機中，加水至上、下水位之間，按下「豆漿」鍵，煮至豆漿機提示豆漿做好，過濾後加冰糖攪拌至溶化即可。

養生功效解析

豌豆		小米		
含有豐富的葉酸，能夠促進胎兒中樞神經系統發育	＋	具有健脾和中、益腎補虛的功效	＝	能夠增強準媽媽體質

燕麥栗子漿

健脾補腎，解緩懷孕期間便秘

黃豆50克　燕麥片20克　栗子30克　白米30克

做法

1. 黃豆洗淨，用清水浸泡8～12小時；栗子去皮，切成小粒；燕麥片洗乾淨；白米洗淨，浸泡2小時。
2. 將黃豆、栗子、燕麥片、白米放入全自動豆漿機中，加水至上、下水位線間，按下「米漿」鍵，煮至豆漿機提示米漿做好倒入杯中，攪拌均勻即可。

特別提醒

燕麥片也可以換成燕麥米，無需提前浸泡，直接淘洗乾淨與其他材料攪打成米漿即可。

養生功效解析

這款米漿富含膳食纖維，有助於消除懷孕期間便秘，而且還有健脾補腎、強身健體的功效，特別適合準媽媽飲用。

 # 葉酸蔬果汁

預防胎兒先天性神經管畸形

西芹50克　青椒20克　鳳梨50克　檸檬30克

鹽少許

做法

1. 鳳梨去皮，切塊，放鹽水中泡15分鐘；青椒洗淨，去籽，切成小塊；西芹洗淨，切段。
2. 將所有材料放入全自動豆漿機中，加入適量的冷開水按下「蔬果汁」鍵，豆漿機提示做好後倒入杯中即可。

特別提醒

準媽媽對葉酸的需求量比普通人高4倍，最好從懷孕前3個月就持續補充，使體內的葉酸維持在一定的水準，以確保胚胎早期獲得豐富的葉酸。

養生功效解析

這是一道專門用來補充葉酸的蔬果汁，補充葉酸可以大大降低神經管缺損畸形胎兒的發生率。

寶寶出生了，新媽媽經過漫長的孕期和艱難的產程，身體急需補充流失的養分，恢復元氣，還要為哺乳做好充分的準備。這時，新鮮的自製豆漿、米漿、蔬果汁，是輔助新媽媽調養好身體很好的選擇。

新媽媽

（飲食原則） ☑ 葷素搭配 ☑ 稀軟 ☒ 油膩 ☒ 辛辣 ☒ 溫燥 ☒ 寒涼 ☒ 過量飲食 ☒ 堅硬帶殼

新媽媽明星營養素

營養素	功能	來源
維生素C	促進傷口癒合	橘子、草莓、鳳梨等
鐵	彌補因懷孕和妊娠失血而流失的鐵	紅豆、紅棗、枸杞、菠菜等
鈣	補充因懷孕、分娩、哺乳而流失的鈣質，幫助新媽媽恢復身材，並預防骨質疏鬆	乳製品、豆製品、芝麻等

紅色三寶豆漿

黃豆40克　紅豆20克　紅棗20克　枸杞10克

冰糖10克

補益氣血、通乳強身

做法

1. 黃豆用清水浸泡8～12小時，洗淨；紅豆淘洗乾淨，用清水浸泡4～6小時；紅棗洗淨，去核，切碎；枸杞洗淨。
2. 將黃豆、紅豆、紅棗、枸杞子倒入全自動豆漿機中，加水至上、下水位線之間，按下「豆漿」鍵，煮至豆漿機提示豆漿做好，過濾後加冰糖攪拌至溶化即可。

養生功效解析

紅豆 富含葉酸，有催乳的功效		紅棗 補益氣血，對產後體力恢復和乳汁分泌都有很好的功效		補益氣血 通乳強身

糯米紅棗漿

滋陰補虛、養血補血

糯米100克　紅棗20克　紅糖適量

做法

1. 糯米淘洗乾淨，浸泡2小時；紅棗用溫水泡發，去核。
2. 將糯米、紅棗放入全自動豆漿機中，加水至上、下水位線間，按下「米漿」鍵，煮至豆漿機提示米漿做好後倒入杯中，加入紅糖攪勻即可。

養生功效解析

糯米紅棗漿有滋陰補虛、養血活血的功效，對產後身體虛弱、血氣不足的新媽媽非常有益。

特別提醒

糯米性黏，不易消化，所以一次不宜食用過多。

菠菜橘子優酪乳汁

補鐵通乳，加速傷口癒合

菠菜80克　橘子100克　優酪乳(乳酪)　蜂蜜適量
　　　　　　　　　　　200cc

做法

1. 菠菜洗淨，川燙後過涼水，切成小段；橘子去皮和去核。
2. 菠菜切段和橘子果肉放入全自動豆漿機中，加入優酪乳、蜂蜜，按下「蔬果汁」鍵，豆漿機提示做好後倒入杯中即可。

特別提醒

飲用前後1小時內不要喝牛奶，因為牛奶中的蛋白一旦遇到橘子中的果酸就會凝固，影響消化吸收。

養生功效解析

此款果汁富含鐵質、葉酸和維生素C，這些都是新媽媽所需的重要營養素。所含鐵質可以彌補因懷孕和生產引起的鐵質流失；維生素C可加速傷口癒合；葉酸則有促進乳汁分泌的功效。

寶寶4個月的時候就可以添加副食品了，但是由於牙齒還未發育健全，所以不能吃和成人一樣的食物，而只能吃泥漿狀的食物。自製泥漿狀副食品，不僅可以給寶寶提供豐富而安全可靠的營養，還能鍛鍊寶寶的咀嚼能力。

(飲食原則)　☑ 多樣化 ☑ 少食多餐 ☒ 偏食 ☒ 人工甜飲料 ☒ 高熱量 ☒ 油炸 ☒ 質地硬 ☒ 刺激性

0～2歲兒童的明星營養素

營養素	功能	來源
鈣	促進寶寶骨骼和牙齒發育	香蕉、牛奶、雞蛋等
葉酸	幫助腦部發育	菠菜、胡蘿蔔、黃豆等
維生素	增強人體免疫系統功能	牛奶、雞蛋、胡蘿蔔、蔬菜葉、柑橘類等
氨基酸	為大腦提供營養，加速骨骼發育，提高免疫力	豆類、花生、杏仁、香蕉等
不飽和脂肪酸	促進大腦和視網膜發育	橘子、豆類、魚類、香菇、燕麥、優酪乳等

蛋黃米漿

提高寶寶免疫力

雞蛋1個　小米30克

做法

1. 雞蛋煮熟，取出蛋黃；小米淘洗乾淨，用清水浸泡2～4小時。
2. 用湯匙將蛋黃壓成泥狀，連同小米一同放入全自動豆漿機中，加水至上、下水位線之間，按下「米漿」鍵，煮至豆漿機提示米漿做好，倒入碗中調勻即可。

養生功效解析

蛋黃米漿富含蛋白質和卵磷脂，有利於寶寶的腸胃吸收，能夠增強寶寶的免疫力。

3～6歲兒童

兒童時期，寶寶的膳食營養要保證骨骼、智力、視力、發育四大方面的成長變化。自製豆漿、米漿、蔬果汁品種多樣化，粗細纖維交替，營養均衡，味道也容易受到孩子的喜愛，可謂一舉多得。

飲食原則 ☑ 多樣化 ☑ 清淡 ☑ 軟硬適中 ☑ 講究色、香、味、形
☒ 薯片類食品 ☒ 碳酸飲料 ☒ 果凍 ☒ 過鹹

3～6歲兒童的明星營養素

營養素	功能	來源
鋅	增強身體免疫功效	牡蠣、瘦肉、蛋黃、核桃、花生等
鈣	促進骨骼和牙齒發育不可或缺的營養素	香蕉、石榴、牛奶、瘦肉及豆製品等
胡蘿蔔素	保護視力	胡蘿蔔、南瓜、玉米、菠菜等
維生素B群	促進細胞的發育和再生	蘋果、櫻桃、番茄、白米、小米等
維生素C	促進身體各部位的發育	草莓、奇異果、柳丁、白菜等水果、蔬菜

紅薯蘋果牛奶汁

營養豐富，幫助兒童成長

紅薯80克　蘋果80克　純牛奶80cc

做法

1. 紅薯削皮後切成小塊，放入蒸鍋中蒸熟。
2. 將蘋果削皮去核，切成小塊。
3. 將紅薯塊、蘋果塊和純牛奶一同倒入豆漿機中，按「蔬果汁」鍵，待豆漿機提示蔬果汁做好後，倒出。

養生功效解析

紅薯	牛奶	幫助兒童健康成長
富含膳食纖維，幫助排便，預防兒童便秘和肥胖	富含蛋白質，增強兒童免疫力	尤其適合不喜歡吃蔬菜、水果的孩子

青少年是骨骼發育達到巔峰的時期，也是生理成熟的重要時期，需要通過均衡而健康的飲食來增加營養。堅持吃好一日三餐之外，搭配營養豐富的豆漿和蔬果汁，對體格和智力的發育都非常有好處。

青少年

飲食原則　✔ 高膳食纖維　✔ 清淡　✔ 好好吃早餐
　　　　　✘ 速食　✘ 咖啡因　✘ 過多甜食　✘ 刺激性食物　✘ 油炸食物

青少年的明星營養素

營養素	功能	來源
鈣	增加骨密度	牛奶、豆類、牡蠣、瘦肉、蛋黃等
鐵	製造紅血球，防止引起缺鐵性貧血	芝麻、蛋黃、黃豆、綠葉蔬菜等
鋅	促進青春期性腺、性器官發育達到高峰	雞蛋、花生、核桃、瘦肉等
維生素A	保護視力，也可預防呼吸道感染	牛奶、雞蛋等
維生素C	促進鐵吸收	柑橘類、番茄等

黃豆50克　核桃仁10克　花生仁10克　黑芝麻5克

冰糖10克

健腦豆漿

增強記憶力，提高學習的持久力

做法

1. 黃豆用清水浸泡8～12小時，洗淨；黑芝麻碾碎；核桃仁切小塊；花生仁挑出雜質。
2. 將黃豆、黑芝麻碎、核桃仁和花生仁一起倒入全自動豆漿機中，加水至上、下水位線之間，按下「豆漿」鍵，煮至豆漿機提示豆漿做好，倒出後加冰糖攪拌即可。

養生功效解析

黃豆
富含卵磷脂，能夠幫助大腦細胞修復，強化大腦細胞

 ＋

核桃
含有豐富的維生素E和不飽和脂肪酸，可防止細胞老化，健腦、增強記憶力

 ＝

改善腦內迴圈，增強思維的敏銳度，使青少年學習的持久力增強

花生核桃奶漿

滋養補虛、養血補血

 米麥精50克　 花生仁5克　 核桃20克　 牛奶250cc

做法

1. 花生仁、核桃仁洗淨。
2. 用牛奶將米麥精調勻，然後將調好的米麥精、花生仁、核桃倒入全自動豆漿機中，加水至上、下水位線之間，按下「米漿」鍵，直至豆漿機提示米漿做好即可。

養生功效解析

花生營養豐富，核桃富含多種不飽和脂肪酸，有強身健腦的功效。

香蕉蘋果牛奶飲

促進骨骼發育、改善挑食

 香蕉50克　 蘋果100克　 牛奶250cc　 蜂蜜適量

做法

1. 將蘋果削皮去核，切成小塊；香蕉削皮，切成小塊。
2. 將蘋果、香蕉塊、蜂蜜連同牛奶一起放入全自動豆漿機中，按下「蔬果汁」鍵，豆漿機提示做好後倒入杯中即可。

養生功效解析

牛奶含有豐富的鈣，搭配熱量較高的香蕉與維生素含量豐富的蘋果，最適合平時挑食、胃口不佳的青少年在早餐時飲用。

特別提醒

這類飲品的含糖量較高，所以喝完後要漱口，保護牙齒。

更年期是人體從中年向老年過渡時期，身體的各項功能包括腸胃的消化功能開始逐漸減弱，需要養成健康而規律的飲食習慣，注意粗細糧搭配，多吃新鮮水果和蔬菜。自製豆漿和蔬果汁恰好符合更年期的營養需求，對於解緩更年期症狀很有益處。

更年期

(飲食原則) ☑ 粗細搭配 ☑ 多吃蔬果 ☑ 少油 ☑ 少鹽
✕ 暴飲暴食 ✕ 高脂肪 ✕ 咖啡因 ✕ 抽煙 ✕ 飲酒

(更年期的明星營養素)

營養素	功能	來源
鈣	可增加骨骼密度，預防骨質疏鬆	牛奶、豆類等
蛋白質	能構成各種酶、激素和抗體，提高免疫力，有效解緩更年期不適	各種豆類及其製品
不飽和脂肪酸	延緩更年期，預防子宮癌、乳腺癌	核桃、榛果等乾果
維生素	維生素C和維生素E等具抗氧化功效的營養素，能夠延緩細胞衰老	各種綠葉蔬菜和水果等

紅棗燕麥豆漿

解緩更年期症狀

黃豆50克　紅棗25克　燕麥片15克

做法

1. 黃豆用清水浸泡8～12小時，洗淨；燕麥片洗淨；紅棗洗淨，去核，切碎。
2. 將黃豆、燕麥片和紅棗碎一起倒入全自動豆漿機中，加水至上、下水位線之間，按下「豆漿」鍵，煮至豆漿機提示豆漿做好，過濾後倒入杯中即可。

養生功效解析

| 紅棗
具有補脾和胃、益氣生津、養血安神等功效 | ➕ | 燕麥片
富含維生素E、鈣等，可以擴張末梢血管，促進血液循環，解緩壓力 | ＝ | 解緩更年期症狀，預防骨質疏鬆 |

黑米黃豆漿

黑米40克　　黃豆60克

做法

1. 黃豆洗淨，用清水浸泡8～12小時；黑米淘洗乾淨，用清水浸泡2小時。
2. 將黃豆、黑米一起倒入全自動豆漿機中，加水至上、下水位線之間，按「米漿」鍵，煮至豆漿機提示米漿做好，倒入杯中，攪拌均勻即可。

養生功效解析

此米漿富含蛋白質和鈣，具有開胃益中、健脾活血、明月、烏黑秀髮、滋補肝腎的功效，非常適合更年期的朋友。

特別提醒

這款豆漿中的黑米不能放太多，否則容易燒焦。

安神桂圓米漿

白米60克　　桂圓30克　　白糖適量

做法

1. 白米洗淨，浸泡2小時；桂圓肉切成丁。
2. 將泡好的白米、桂圓肉放入全自動豆漿機中，加水至上、下水位線間，按「米漿」鍵，煮至豆漿機提示米漿做好，依據個人口味加白糖調味即可。

養生功效解析

此款米漿具有養心安神、補脾益血的功效，可用於更年期常見的失眠、健忘、眩暈等症狀。

特別提醒

有上火發炎症狀時不宜食用此米漿。

老年人的飲食需要特別照顧，為了方便老年人咀嚼，準備老人的三餐時，儘量選擇質地軟的食材。此外，不妨加一些糙米、胚芽、蔬菜和水果，利用豆漿機攪打成豆漿、米漿和蔬果汁，讓老年人在享受美食的同時也吃出健康。

老年人

飲食原則　☑ 少食多餐　☑ 質地軟　☑ 少油　☒ 高脂肪　☒ 不吃水果

老年人的明星營養素

食材	功能	來源
β-胡蘿蔔	具有很強的消除自由基功效	胡蘿蔔、芒果等蔬菜、水果
維生素C	可以消除自由基，還原維生素E	柳橙、草莓、奇異果、蘋果等
維生素E	有效防止細胞膜被氧化	菠菜以及核桃、榛果等堅果類
鋅、銅、錳、硒	抗氧化酶的核心元素	穀類、豆類及綠色蔬菜
鈣	預防骨質疏鬆及骨折	牛奶及栗子等堅果類

黑米50克　　黃豆50克　　核桃仁25克

黑米核桃黃豆漿

補血強身、延年益壽

做法

1. 將黃豆淘洗乾淨，用清水浸泡8～12小時；黑米淘洗乾淨，浸泡2小時；核桃切碎。
2. 將黑米、黃豆、核桃一起放入全自動豆漿機，加水至上、下水位線間，按下「豆漿」鍵，煮至豆漿機提示豆漿做好，倒入杯中，攪拌均勻即可。

養生功效解析

黑米
含有維生素C、葉綠素、花青素、胡蘿蔔素等成分，具有很好的滋補作用，被譽為「長壽米」

 +

黃豆
可降低人體膽固醇，減少動脈硬化的發生，預防心臟病

 =

滋陰養心、健體強身、延年益壽，防治心腦血管疾病

牛奶黑米漿

幫助治療腰膝酸軟、四肢無力

黑米100克　牛奶150cc　白糖適量

做法

1. 將黑米洗淨，浸泡6小時。
2. 將黑米放入全自動豆漿機中，加水至上、下水位線之間，按下「米漿」鍵，待豆漿機提示米漿打好後，倒入杯中，加入白糖和牛奶攪勻即可。

特別提醒

這款米漿也適合產後、病後等氣血虧虛、血液不足者服用。若氣血虧虛可在米漿中加入幾枚紅棗，效果更佳。

養生功效解析

黑米富含維生素B群，牛奶富含鈣質，二者組合在一起，有解緩體力、健脾暖胃、滋陰補腎的作用。

金橘蔬果汁

改善胸悶、咳嗽和氣喘症狀

金橘100克　青江菜60克　蘿蔔80克　牛奶150cc

檸檬30克

做法

1. 胡蘿蔔去皮，切成小條；青江菜洗淨，切成小段；金橘與檸檬切成小塊，備用。
2. 將所有材料倒入豆漿機中加適量涼飲用水，按下「蔬果汁」鍵，豆漿機提示做好後倒入杯中即可。

養生功效解析

這款蔬果汁富含維生素C，可以改善胸悶鬱結、咳嗽氣喘的症狀，還可以提神、增加抗寒能力，有效預防感冒，非常適合老年人。

特別提醒

老年人最好每星期多喝幾次綜合蔬果汁，可有效延緩衰老，預防老年癡呆症。

現代男性的工作和生活壓力很大，身體健康受到多種男性疾病的威脅。養成飲用自製養生豆漿和蔬果汁的習慣，對調養身體達到健康狀態大有裨益。

男性

飲食原則　✔ 粗細搭配　✔ 八分飽　✔ 少油　✔ 少鹽　✘ 高脂牛奶　✘ 咖啡因　✘ 抽煙　✘ 酗酒

男性的明星營養素

營養素	功能	來源
維生素A	具有強身健骨、提高機體免疫力和抗癌作用，對保護視力也大有益處	乳製品、魚、番茄、杏、甜瓜等
維生素B_6	緩解失眠症狀，補充因運動消耗的維生素	香蕉、馬鈴薯、酪梨、葵花籽
膳食纖維	富含膳食纖維的食物能夠加速腸道毒素和致癌物質的清除，減少便秘；還能夠疏通膽汁分泌，穩定膽汁成分比例	黑米、草莓、梨、花椰菜（西蘭花）、胡蘿蔔等
鎂	可以減少心臟病的發生率，降低血壓，還可以增強生殖能力	豆類、堅果、綠色蔬菜等

黃豆50克　山藥50克　桂圓5個

桂圓山藥豆漿

益腎補虛、滋養脾胃

做法

1. 黃豆用清水浸泡8～12小時，撈出洗淨；山藥去皮洗淨，切小塊，放入滾水，撈出瀝乾；桂圓去皮和去核，取肉。
2. 將山藥塊、桂圓肉、黃豆放入全自動豆漿機中，加水至上、下水位線間，按下「豆漿」鍵，煮至豆漿機提示豆漿做好，過濾後飲用即可。

養生功效解析

桂圓 可滋補強體、補心安神、養血壯陽、益脾開胃	＋	山藥 可健脾、補肺、補中益氣、強腎固精	＝	益腎補虛，非常適合男性飲用

腰果花生漿

補腎強身、延緩衰老

白米50克

腰果25克

花生仁20克

做法

1. 白米淘洗乾淨，浸泡2小時。

2. 將白米、腰果、花生仁一起放入全自動豆漿機中，加水至上、下水位線間，按下「米漿」鍵，煮至豆漿機提示米漿做好，倒入杯中即可。

特別提醒

腰果中含油脂豐富，膽功能嚴重不佳者忌食。

養生功效解析

腰果		花生		
含有豐富的不飽和脂肪酸和各種維生素，可潤腸通便、延緩衰老、補腎健脾	＋	含有豐富的維生素E和不飽和脂肪酸，對於延緩衰老有很好的作用	＝	補腎強身、延緩衰老

動腦者從事腦力勞動，一般肌肉活動較少，容易受到各種職業病的侵襲。自製豆漿和蔬果汁能夠給大腦補充營養，提高大腦的工作效率，還有助於解緩身體疲勞。

動腦者

飲食原則 ☑ 偏鹼性食物 ☑ 少糖 ☑ 少油 ☑ 少鹽 ☒ 過飽 ☒ 高脂肪 ☒ 咖啡因 ☒ 抽煙 ☒ 飲酒

動腦者的明星營養素

營養素	功能	來源
蛋白質	維持腦細胞的代謝	蛋類、牛乳類、大豆類
卵磷脂	有補腦作用，有助於增強記憶力	蛋黃、堅果類、大豆及其製品
鈣、鎂、鈉、鉀	維持神經肌肉的應激性，鈣能保證腦力旺盛、工作持久、頭腦冷靜並提高人的判斷力	大豆及其製品、小米、香蕉
維生素C	使腦機敏靈活	新鮮棗子、山楂、柑橘、草莓、辣椒、高麗菜等水果和蔬菜

核桃芝麻豆漿

黃豆55克　核桃10克　熟黑芝麻5克　冰糖10克

改善腦循環、增強專注力和記憶力

做法

1. 黃豆浸泡8～12小時，洗淨；黑芝麻碾碎；核桃切小塊。
2. 將黃豆、黑芝麻碎和核桃塊倒入全自動豆漿機中，加水至上、下水位之間，按下「豆漿」鍵，煮至豆漿機提示豆漿做好，過濾後加冰糖攪拌即可。

養生功效解析

黑芝麻		核桃		
富含卵磷脂，有助於改善腦循環，增強思維的敏銳度	+	含不飽和脂肪酸、磷脂等，可為大腦提供營養	=	提高腦力，提高專注力和記憶力

小米花生漿

補腦益智、解緩身體疲勞

小米100克　花生35克

薑10克

做法

1. 將小米淘洗乾淨，浸泡2小時。
2. 將小米、花生、薑片一起放入全自動豆漿機中，加水至上、下水位線間，按下「米漿」鍵，煮至豆漿機提示米漿做好，倒入杯中即可。

特別提醒

跌打損傷者不宜飲用此米漿，因為花生中含有一種凝血因子，會加重瘀血腫塊。

養生功效解析

小米	花生	補腦益智，解緩身體疲勞
富含碳水化含物，有助於維持大腦血糖濃度，解緩頭暈、疲倦等症狀	含有卵磷脂、膽鹼等特殊的健腦物質，有補腦作用，對神經衰弱有較好的輔助療效	補腦益智，解緩身體疲勞

＋　＝

體力勞動者多以肌肉、骨骼的活動為主，能量消耗多，需氧量高，物質代謝旺盛。自製豆漿和蔬果汁可以為體力勞動者提供優質蛋白質、維生素、礦物質，有助於快速恢復體力，消除疲勞。

體力勞動者

飲食原則　☑ 多樣化　☑ 補充水分和礦物質
☒ 高熱量　☒ 過飽　☒ 饑餓時勞動　☒ 放涼的飯菜　☒ 抽煙　☒ 酗酒

體力勞動者的明星營養素

營養素	功能	來源
維生素B群	消除疲勞，恢復體力	牛奶、黃豆、堅果類
維生素C	滿足人體的需要，而且可以幫助從事鉛作業的人預防鉛中毒	番茄、橘子、草莓等蔬菜水果
蛋白質	補充體力	牛奶以及芒果、哈密瓜等水果

黃豆60克　杏仁15克　榛果15克

雙仁豆漿

幫助體力的恢復

做法

1. 黃豆用清水浸泡8～12小時，洗淨；杏仁、榛果搗碎。
2. 將上述食材一同倒入全自動豆漿機中，加水至上、下水位線之間，按下「豆漿」鍵，煮至豆漿機提示豆漿做好即可。

養生功效解析

黃豆		榛果		
富含蛋白質、維生素B群、維生素E、鈣和鐵等，能夠補充體力	➕	富含油脂，有利於脂溶性維生素在人體內的吸收，對體弱、疲勞、病後虛弱者有很好的補養作用	＝	對恢復體能有益，能達到抗疲勞的作用

🍅 番茄橘子汁

改善睡眠、減輕疲勞

番茄100克   橘子100克

做法

1. 番茄去蒂，洗淨，切成小塊；橘子剝皮，去核。
2. 將兩種材料放入豆漿機中，按下「蔬果汁」鍵，豆漿機提示做好後倒出即可。

特別提醒

在果汁中加入適量的果糖，吸收效果會更好。

養生功效解析

番茄		橘子		
富含番茄紅素，具有獨特的抗氧化能力，有助於改善睡眠品質，解緩疲勞	＋	富含檸檬酸，具有消除疲勞的功效	＝	幫助睡眠、消除疲勞

熬夜的人，除了要補充消耗的體力，還要注意肝臟的保養，避免飲用過多刺激肝臟的提神飲料。自製養生豆漿及其混合而成的果汁不僅能夠讓夜貓子更有精神和精力，而且有益於皮膚保養。

熬夜者

(飲食原則) ☑ 多吃蔬果　☑ 少油膩　☒ 高糖　☒ 高脂肪　☒ 咖啡　☒ 茶　☒ 抽煙　☒ 飲酒

(熬夜者的明星營養素)

營養素	功能	來源
維生素C	增強抵抗力	番茄、南瓜、檸檬、葡萄、奇異果等蔬菜、水果
維生素B群	安定神經、紓緩焦慮，維持皮膚健康、延緩老化	柑橘類、芝麻、核桃、黃豆等
鈣	緩和情緒，消除眼睛緊張	脫脂牛奶、芭樂（番石榴）等
鎂	解緩壓力，平衡身心	小米、玉米、黃豆、黑豆、番茄、香蕉等

南瓜50克　　黃豆80克　　花生10克

南瓜花生黃豆豆漿

保護眼睛、滋潤肌膚

做法

1. 南瓜去皮，洗淨，切成小塊；黃豆洗淨，浸泡8～12小時；花生仁洗淨。
2. 將南瓜、黃豆、花生仁倒入全自動豆漿機中，加水至上、下水位線之間，按下「豆漿」鍵，煮至豆漿機提示豆漿做好，倒入杯中即可。

養生功效解析

南瓜
含豐富的維生素和胡蘿蔔素，胡蘿蔔素可在體內轉化成維生素A，而有助於解緩眼疲勞，保護皮膚

＋

花生
富含維生素E及多種礦物質，有效保護眼睛和皮膚

＝

滋潤肌膚，緩解眼睛疲勞，增強記憶力，提高身體抵抗力

🍅 番茄牛奶汁

防止視覺疲勞，減輕宵夜帶來的消化負擔

番茄100克　　檸檬30克　　牛奶150cc

做法

1. 番茄去蒂，洗淨，切成小塊；檸檬榨汁備用。
2. 將所有材料放入全自動豆漿機中，按下「蔬果汁」鍵，直至豆漿機提示做好後倒入杯中即可。

養生功效解析

番茄中的維生素A，可防止視覺疲勞；檸檬中的檸檬酸和蘋果酸可促進消化，便於吃夜宵後消化。

特別提醒

腸胃不好的人不要飲用番茄汁，否則容易導致腹瀉。

🍅 葡萄奇異果汁

補充因大量飲用咖啡而流失的營養

葡萄30克　　奇異果100克　　檸檬30克　　牛奶150cc

做法

1. 葡萄連皮用鹽水洗淨，切成兩半去籽；檸檬榨汁備用；奇異果去皮，切成小塊。
2. 將所有材料放入全自動豆漿機中，按下「蔬果汁」鍵，直至豆漿機提示做好後倒入杯中即可。

養生功效解析

葡萄、奇異果富含維生素C，可以補充體能，還能美容護膚，解緩熬夜帶來的肌膚損傷。

特別提醒

女性經期最好少喝或不喝此款蔬果汁。

經常使用電腦的人，在電磁波輻射狀態下，對於眼睛和皮膚的傷害十分明顯。另外，長時間坐在電腦前，極易因缺少運動而引起肥胖。為了減輕長期使用電腦對健康造成的種種損害，適當的膳食並及時補充營養是一個行之有效的方法。

電腦族

(飲食原則) ☑ 多補充維生素 ☑ 多喝茶 ☒ 油膩 ☒ 多肉

(電腦族的明星營養素)

營養素	功能	來源
胡蘿蔔素	防輻射，保護眼睛，促進皮膚和黏膜的健康	胡蘿蔔、南瓜等
維生素B$_1$	消除疲勞，穩定情緒	豆類、穀類
維生素C	防輻射、抗衰老、保護皮膚滋潤	橘子、奇異果等

黃豆80克　乾菊花5克　枸杞10克

菊花枸杞豆漿

抗輻射、解緩眼睛疲勞

做法

1. 黃豆用清水浸泡8～12小時，撈出洗淨；將乾菊花、枸杞沖洗乾淨，枸杞用溫水泡軟。

2. 將泡好的黃豆、枸杞與洗乾淨的菊花放入全自動豆漿機中，加水至上、下水位線間，按下「豆漿」鍵，煮至豆漿機提示豆漿已做好，倒入杯中即可。

養生功效解析

菊花	枸杞	
提神醒腦，可散風清熱、清肝明目和解毒消炎	可補腎益精、養肝明目、補血安神、生津止渴、潤肺止咳	有去火散熱、滋養心肺的功效，平時多喝可以達到抗輻射和解緩眼睛疲勞的作用

＋　**＝**

小米芝麻漿

防止皮膚乾燥、粗糙

小米100克　黑芝麻50克　薑10克

做法

1. 小米淘洗乾淨，浸泡2小時；黑芝麻淘洗乾淨。
2. 將小米、黑芝麻、薑片放入全自動豆漿機中，加水至上、下水位線間，按下「米漿」鍵，煮至豆漿機提示米漿已做好，倒入杯中即可。

養牛功效解析

小米芝麻漿具有滋陰潤肺、健腦益智、養血補血的功效，經常使用電腦的人食用可解緩輻射所引起的肌膚乾燥、粗糙。持續服用還可令肌膚光滑細膩，散發紅潤光澤。

特別提醒

芝麻外面有一層稍硬的膜，只有把其搗碎，其中的營養素才能被吸收。

胡蘿蔔橘子汁

保護眼睛，減輕輻射對皮膚的危害

胡蘿蔔100克　橘子100克　蜂蜜適量

做法

1. 胡蘿蔔削皮，切成小條；橘子剝皮，去核。
2. 胡蘿蔔條、橘子瓣和蜂蜜一起放入全自動豆漿機中加適量冷開水，按下「蔬果汁」鍵，待豆漿機提示做好後，倒入杯中即可。

養生功效解析

胡蘿蔔含有豐富的胡蘿蔔素、維生素C，具有補肝明目的功效；橘子富含維生素和有機酸，可以增強抵抗力，減輕電腦輻射對皮膚的損害。

特別提醒

胡蘿蔔是一種能降低血糖的物質，糖尿病患者可多吃。

對於經常外出應酬的人來說，喝酒、抽煙總是難避免的，可是對健康的確極為不利。酒精首先傷害的就是肝臟，還會加速高血壓、心血管疾病的發生，而抽煙會增加心臟病、動脈硬化以及癌症的發生率。應該改掉這些不健康的生活方式，同時注意結合飲食調理。

抽煙、喝酒者

飲食原則　☑ 多蔬菜　☑ 多水果　☑ 清淡飲食　☒ 高脂肪　☒ 高蛋白

抽煙、酗酒者的明星營養素

營養素	功能	來源
維生素C	有利於促進肝臟代謝，補充抽煙所流失的維生素C	水梨、奇異果、蓮藕等
β-胡蘿蔔素	降低患癌危險	胡蘿蔔、櫻桃、花生、冬瓜等
蛋白質	促進細胞再生	豆類、牛奶、瘦肉、雞蛋等

冰糖水梨豆漿

生津潤燥、清熱化痰

黃豆50克　水梨150克　冰糖適量

做法

1. 黃豆用水泡軟洗淨，用清水浸泡8～12小時；水梨去皮和核，切成小碎丁。
2. 將黃豆同水梨一起放入豆漿機中，加水至上、下水位線間，按下「豆漿」鍵，煮至豆漿機提示豆漿已做好，按照個人口味添加適量冰糖調勻，倒入杯中飲用即可。

養生功效解析

水梨		黃豆		
味甘性寒，含蘋果酸、檸檬酸、維生素B$_1$、胡蘿蔔素等，具生津潤燥、清熱化痰之功效	✚	富含維生素、礦物質	＝	非常適合因吸煙而導致肺燥咽喉乾燥、經常咳嗽的人士飲用

🍅 蓮藕水梨汁

化痰平喘、解酒護肝

蓮藕150克　水梨150克

做法

1. 蓮藕削皮，洗淨，切成適當大小；水梨削皮，去核，切成小塊。
2. 將切好的蓮藕和水梨塊放入全自動豆漿機中，按下「蔬果汁」鍵，待豆漿機提示做好後倒入杯中飲用即可。

特別提醒

蓮藕要挑選外皮呈黃褐色、比較長而粗的。

養生功效解析

蓮藕		水梨		
生津涼血、除煩解酒、止咳平喘，非常適合抽煙和酗酒者食用	**+**	清熱去燥、化痰止咳，適用於對抽煙引起的喉嚨乾癢、痰稠等症狀；還有助於降低因酗酒而患高血壓和肝炎等疾病的機率	**=**	化痰止咳、解酒護肝

對於偏愛肉類而不愛吃蔬菜的人來說，會面臨營養不均衡的危險。首先，動物蛋白質攝入過多，極易引起鈣缺乏症；其次，高熱量、高脂肪的飲食極易造成體內脂肪堆積，引起肥胖、高血脂症等，危害健康。

肉食者

飲食原則 ✔ 多蔬菜 ✔ 多水果 ✔ 少油膩 ✖ 高脂肪 ✖ 高熱量

肉食者的明星營養素

營養素	功能	來源
鈣	人體必需營養素，能夠降低膽固醇	奇異果、草莓、番茄等
膳食纖維	幫助消化吸收、防治肥胖	南瓜、高麗菜等
維生素E	被譽為「血管清道夫」，有預防動脈硬化的作用	黃豆、牛奶、堅果、蛋類等

水果番茄蜂蜜飲

清除腸道內的多餘油脂

番茄80克　鳳梨80克　哈密瓜80克　蜂蜜適量

鹽少許

做法

1. 鳳梨、哈密瓜削皮去核，切成小塊，鳳梨放鹽水中浸泡15分鐘；番茄去蒂，洗淨，切成小塊。
2. 將所有材料放入全自動豆漿機中，按下「蔬果汁」鍵，攪打均勻後倒入杯中即可。

養生功效解析

番茄
富含維生素和礦物質，可解油膩，分解體內堆積的脂肪

＋

鳳梨
含有蛋白質分解酵素，可以分解蛋白質及助消化

＝

對於長期食用過多肉類及油膩食物的現代人來說非常適宜

PART 7

四季養生 豆漿、米漿、蔬果汁

春季，天氣逐漸轉暖，萬物開始復甦。中醫認為，人體在春季「由靜轉動、陽氣漸升」。因此，春季需要適當補充能夠補氣升陽的營養物質。而腸胃經過冬季的長期進補，積滯較重。所以無論是健康人士還是宿疾患者，都不宜在春季再進食油膩之物，不宜服用過多的溫補之品，以免增加腸胃負擔，擾亂人體陰陽平衡。

春季
溫補養生
清淡養陽

(養生重點) ☑ 疏肝 ☑ 理氣 ☑ 護脾

(宜食食物) 白蘿蔔、胡蘿蔔、春筍、薺菜、海帶、雞蛋、魚類、蠶豆、豌豆

黃豆50克　燕麥片50克　核桃20克

燕麥核桃豆漿
養陽、降糖、增強體力

做法

1. 黃豆用清水浸泡8～12小時，洗淨；燕麥片洗淨；核桃洗淨。
2. 將所有食材一同倒入全自動豆漿機中，加水至上、下水位線之間，按下「豆漿」鍵，煮至豆漿機提示豆漿做好，過濾即可。

特別提醒

若想要清理腸道的效果更好，此款豆漿可不過濾，直接飲用。

養生功效解析

燕麥片		核桃仁		
富含膳食纖維，可調節血糖、血脂，調節腸胃功能	➕	增強體力，養肝升陽，增強免疫力	＝	養陽、強身、預防腫瘤

高粱米漿

溫補腸胃、幫助消化

 高粱米80克　 冰糖20克

做法

1. 高粱米淘洗乾淨，用清水浸泡8～10小時。
2. 將泡好的高粱米倒入全自動豆漿機中，加水至上、下水位線之間，按下「米漿」鍵煮至豆漿機提示米漿做好，加入冰糖攪拌即可。

養生功效解析

此款米漿可溫補腸胃，理氣止瀉，適用於消化不良、痢疾、小便不利等症。

特別提醒

高粱米一定要充分浸泡，否則會影響營養物質的吸收。

西瓜橘籽番茄汁

增強抵抗力、助消化

 橘籽80克　 番茄50克　 西瓜80克　 蜂蜜適量

 檸檬60克

做法

1. 橘籽去皮，去籽；番茄洗淨，去皮，切小塊；西瓜、檸檬洗淨，去皮、去籽，切塊。
2. 將橘子、番茄、西瓜、檸檬倒入全自動豆漿機中，按下「蔬果汁」鍵，待豆漿機提示做好後，倒入杯中，加入蜂蜜攪勻即可。

特別提醒

剝橘籽皮時不要把橘子瓣表面的絲狀纖維都剝掉，這些白色的纖維也富含營養，可通絡、化痰。

養生功效解析

此款果汁富含礦物質及維生素，口味清淡，可促進新陳代謝，增強抵抗力，幫助消化。

夏季，天氣炎熱，人體代謝也處在一年之中最旺盛的時期。中醫認為，暑熱過盛，極易耗傷心陰，因此應以清補淡補為主，遵循利濕清暑、清火養陰、化濕運脾的原則，多吃具有養心安神、發汗瀉火功效的食物。

夏季
清熱防暑
生津去毒

養生重點　☑ 養心　☑ 安神　☑ 去濕

宜食食物　菊花、綠豆、紅豆、苦瓜、冬瓜、西瓜、番茄、薏仁

黃豆30克　　燕麥片30克　　黃瓜（青瓜）
　　　　　　　　　　　　　　　50克

玫瑰花5克

黃瓜玫瑰豆漿

清新解熱、靜心安神

做法

1. 黃豆用清水浸泡8～12小時，洗淨；黃瓜洗淨，切小塊；乾玫瑰花洗淨。

2. 將所有食材一同倒入全自動豆漿機中，加水至上、下水位線之間，按下「豆漿」鍵，煮至豆漿機提示豆漿做好，過濾即可。

特別提醒

此款豆漿還含有豐富的膳食纖維，可達到清理腸道、排毒養顏的功效。

養生功效解析

黃瓜	玫瑰花	清熱防暑、靜心安神
富含維生素和酶類，可促進新陳代謝，消暑解渴，令口氣清新	調節內分泌，理氣、安神	

黃瓜＋玫瑰花＝清熱防暑、靜心安神

玉米枸杞米漿

鮮玉米粒80克　白米20克　枸杞5克

做法

1. 鮮玉米粒洗淨；白米淘洗乾淨，用清水浸泡2小時；枸杞洗淨，用溫水浸泡半小時。
2. 將全部食材倒入全自動豆漿機中，加水至上、下水位線之間，按下「米漿」鍵，煮至豆漿機提示米漿做好即可。

養生功效解析

此款米漿可有效抗氧化、防衰老，還可清熱去火，保護眼睛，防治高血壓、動脈硬化等心血管疾病。

特別提醒

枸杞味甘，性平，在夏季不宜和溫熱性的食物同時食用，如桂圓、紅棗等。

西瓜黃瓜汁

生津止渴、利尿消腫

西瓜300克　黃瓜150克　蜂蜜適量

做法

1. 西瓜去皮，去籽，切小塊；黃瓜洗淨，切小塊。
2. 將上述食材倒入全自動豆漿機中，按下「蔬果汁」鍵，待豆漿機提示做好後倒入杯中，加入蜂蜜攪勻即可。

養生功效解析

此款蔬果汁富含礦物質，可生津止渴、利尿消腫、降低血壓。

特別提醒

在盛夏季節，此款蔬果汁最好冰鎮後飲用，味道更好。

秋季，天氣逐漸轉涼，空氣越來越乾燥，人體代謝也漸趨平緩。
《飲膳正要》說：「秋氣燥，宜食麻，以潤其燥。」「潤其燥」正是秋季的進補之法。
中醫還認為，秋季「在臟屬肺」，而肺喜潤惡燥，喜涼惡熱，調理當以清平滋潤為主。

秋季
甘潤養生
生津防燥

養生重點　☑ 潤肺　☑ 去燥　☑ 滋陰

宜食食物　梨、蓮籽、瓜類、芝麻、花生、紅豆、百合、高粱、紅薯、燕麥、山藥

紅豆50克　紅棗10克　冰糖15克

紅棗紅豆豆漿
滋陰生津、消腫利尿

做法

1. 紅豆用清水浸泡4～6小時，洗淨；紅棗洗淨，用溫水浸泡半小時，去核。
2. 將上述食材一同倒入全自動豆漿機中，加水至上、下水位線之間，按下「豆漿」鍵，煮至豆漿機提示豆漿做好，過濾後加入冰糖攪至溶化即可。

特別提醒

腸胃不適者可多飲此豆漿，有通氣、健脾胃的作用。

養生功效解析

紅豆		紅棗		
生津、利尿、消腫、排毒	+	滋補五臟、益氣養血、寧心安神	=	生津利尿、滋陰補血

花生芝麻米漿

 熟花生80克　 白米30克　 熟黑芝麻25克　 冰糖15克

做法

1. 白米淘洗乾淨，用清水浸泡2小時。
2. 將白米、花生、黑芝麻倒入全自動豆漿機中，加水至上、下水位線之間，按下「米漿」鍵，煮至豆漿機提示米漿做好，加入冰糖攪至溶化即可。

養生功效解析

此米漿具有滋陰去燥、補氣養血、養顏潤髮等功效，適合精血不足、鬚髮早白、心煩氣躁者食用。

特別提醒

製作此米漿所選的花生最好是炒熟的，如果買不到，也可自己炒製，炒時不宜去花生皮，要不斷翻動，炒香即可。

 # 黃瓜水梨山楂汁

 黃瓜（青瓜）100克　 水梨100克　 山楂糕50克　 蜂蜜適量

做法

1. 水梨洗淨，去皮、去核，切小塊；黃瓜洗淨，切小塊；山楂糕切小塊。
2. 將上述食材倒入全自動豆漿機中，加入少量涼飲用水，按下「蔬果汁」鍵，待豆漿機提示做好後倒入杯中，加入蜂蜜調味即可。

養生功效解析

此款蔬果汁營養豐富，可滋陰清熱、潤肺清燥，可解緩秋燥症狀。

冬季，天氣寒冷，人體代謝水準降低，吸收能力增強，是最佳調補的時節。

中醫認為，腎經在冬天最為活躍，可調節身體以適應嚴冬變化，防止寒氣侵襲。因此，冬季進補需堅持補腎陽、去寒邪，為來年做好準備。冬季進補溫熱的食物不容易上火，所以可儘量遵循「厚味溫補」的原則進行調理。

冬季
暖胃養腎
溫補去寒

(養生重點) ☑ 暖胃 ☑ 固腎 ☑ 溫補

(宜食食物) 紅棗、山藥、枸杞、黑豆、黑芝麻、桂圓、糯米、羊肉、薑

黑豆50克　糯米25克　紅棗5克

紅棗糯米黑豆豆漿

養胃健脾、驅寒暖身

做法

1. 黑豆用清水浸泡8～12小時，洗淨；糯米淘洗乾淨，用清水浸泡2小時；紅棗洗淨，用溫水浸泡半小時，去核。

2. 將上述食材一同倒入全自動豆漿機中，加水至上、下水位線之間，按下「豆漿」鍵，煮至豆漿機提示豆漿做好，過濾即可。

特別提醒

孕婦在冬季可適當多飲用此款豆漿，對胎兒和孕婦的身體都有好處。

養生功效解析

紅棗	糯米	益氣補血、養胃健脾、驅寒暖身
補益中氣、溫補脾胃、養腎固精	含有豐富的營養物質，可健脾暖胃、滋陰潤肺，為溫補強壯佳品	

紅棗 `+` 糯米 `=` 益氣補血、養胃健脾、驅寒暖身

棗杞薑米漿
益氣補血、去風驅寒

 白米80克 紅棗25克

 枸杞15克 薑10克

做法

1. 白米淘洗乾淨，用清水浸泡2小時；紅棗洗淨，用溫水浸泡半小時，去核；枸杞洗淨，用溫水浸泡半小時。

2. 將全部食材倒入全自動豆漿機中，加水至上、下水位線之間，按下「米薑」鍵，煮至豆漿機提示米薑做好即可。

特別提醒

體質濕熱的女性，不適合在經期食用此款米薑，以免加重水腫症狀。

養生功效解析

紅棗		枸杞		
可驅寒保暖、養顏補血		可補腎益精、養肝明目、補血安神		促進血液循環，補氣養血、去風驅寒，適合冬季飲用

木瓜150克　柳橙100克

牛奶
200cc

木瓜香橙奶

溫補脾胃、助消化

做法

1. 木瓜、柳橙分別清洗乾淨，去皮、去籽，切小塊。

2. 將木瓜、柳橙倒入全自動豆漿機中，加入牛奶，按下「蔬果汁」鍵，待豆漿機提示做好後倒入杯中即可。

特別提醒

木瓜最好現買現吃，不宜冷藏。

養生功效解析

木瓜	柳橙	可養胃、潤肺、助消化，特別適合脾胃功能弱的人
富含一種稱為木瓜酵素的蛋白質分解酶，能夠分解蛋白質，幫助消化肉類蛋白質	味酸，性涼，有健脾和胃的功效，可用於食欲缺乏，食後腹脹	

＋　**＝**

PART

8

豐富多樣的 **豆漿料理**

豆漿除了可以直接飲用外，還可以入湯、入菜，不僅別有一番清淡香醇的味道、滑膩的口感，還增加了營養。

豆漿料理

豆漿火鍋

滋陰去燥、補氣養顏

材料

蝦仁、花椰菜（西蘭花）、金針菇（金菇）、香菇、豆腐各100克，枸杞少許，紅棗25克，胡蘿蔔片、番茄片、高湯、豆漿、鹽各適量。

做法

1. 豆漿倒入鍋中煮開，然後加入高湯煮沸，加入枸杞、紅棗和適量鹽。
2. 根據菜熟的快慢速度，依次將配菜加入豆漿鍋中，煮熟即可。

養生功效解析

豆漿火鍋，口感順滑，能滋陰去燥、補氣養顏。

豆漿香菇湯

美容養顏、延緩衰老

材料

豆漿500毫升，新鮮香菇100克，鹽、雞精、蔥花各適量。

做法

1. 將香菇洗淨，去蒂，切丁。
2. 鍋中倒入豆漿，煮沸後加入香菇丁，然後用中火煮10分鐘左右。
3. 按個人口味添加適量鹽、雞精、蔥花即可。

養生功效解析

豆漿與菇類搭配，不僅味道清爽鮮美，而且熱量極低，十分養生。

豆漿蒸飯

增進食欲、提高人體免疫力

材料

豆漿1公升，白米100克，葡萄乾10克，紅棗
5~10顆。

做法

1. 白米、紅棗、葡萄乾分別淘洗乾淨，放入電
   鍋中。
2. 按比例加入適量豆漿，接通電源，按下開
   關，至提示蒸熟即可。

養生功效解析

用豆漿蒸煮米飯，滋味獨特，營養豐富，可提
高人體免疫力。

豆漿冰糖粥

清熱解毒、益氣補氣

材料

白米50克，豆漿200毫升，枸杞、紅棗、冰糖
各適量。

做法

1. 白米、紅棗、枸杞分別淘洗乾淨；大米用冷
   水浸泡30分鐘，撈出瀝乾；冰糖搗碎。
2. 鍋中放入豆漿和適量水，放入白米和紅棗熬
   煮成粥。
3. 加入枸杞、冰糖攪勻即可。

養生功效解析

此款粥有益氣補氣的功效，十分適合體虛者食
用。

豆漿拉麵

補充能量、養心除煩

養生功效解析

麵食可為人體補充能量，具有養心除煩、健脾益腎、除熱解渴的功效。

特別提醒

對於消化功能不好的人，拉麵可以煮得綿軟一些。

材料

豆漿500毫升，拉麵200克，海帶絲30克，黃瓜（青瓜）30克，鹽、雞精各適量。

做法

1. 將海帶絲放入滾水中汆燙後撈出瀝水；黃瓜洗淨，去蒂，切絲。
2. 拉麵用清水煮熟後，撈起瀝水。
3. 取適當比例豆漿倒入鍋中，煮沸後放入煮熟的拉麵略煮一下，然後放入海帶絲和黃瓜絲。
4. 按個人口味加入適量鹽和雞精調味即可。

豆漿排骨湯

滋補養身、提高抗病能力

材料

排骨300克，豆漿500毫升，枸杞5克，紅棗5顆，薑片、鹽、雞精各適量。

做法

1. 排骨川燙後撈出。
2. 在鍋中加入適量清水煮沸，將川燙過的排骨放入滾水中，放入薑片、紅棗，小火煮至排骨熟爛。
3. 在鍋中加入適量豆漿、枸杞，再用小火煮15分鐘左右，按個人口味加入鹽、雞精調味即可。

養生功效解析

豆漿與排骨搭配，去膩提鮮，十分健康滋補。

豆漿魚

提高腦力

材料

草魚片（鯇魚片）250克，豆漿200毫升，青椒、紅椒各1個，蛋白、太白粉（芡粉）、鹽、蔥花、薑末各適量。

做法

1. 草魚片切成寸段，用蛋白、太白粉（芡粉）、鹽適量略醃；青椒、紅椒洗淨，去籽，切丁備用。
2. 將鍋燒熱，加入少許油、蔥花、薑末爆香。
3. 放入魚加入水，水要蓋過魚，燉熟後，加入青椒丁、紅椒丁。
4. 倒入豆漿，煮開後加鹽調好味起鍋。

養生功效解析

此道菜能有效提高腦力，十分適合動腦者食用。

用豆漿機做完豆漿後，往往會剩下許多豆渣，豆渣富含膳食纖維，能吸附食物中的糖和膽固醇，可防治糖尿病和心腦血管疾病。同時，豆渣還能增加人的飽足感，有很好的減肥功效。因此，豆渣最好不要丟棄。

豆渣美食

韭菜豆渣餅

補腎壯陽、健脾暖胃、降脂降壓

材料

豆渣50克，玉米粉100克，韭菜50克，雞蛋1個，鹽適量。

做法

1. 韭菜洗淨，切末；雞蛋敲入碗中攪散。
2. 將豆渣、玉米粉、雞蛋汁、韭菜末混合在一起，加入鹽，揉成糰狀。
3. 將麵糰分成大小均勻的小糰，後壓成餅狀。
4. 在平底鍋中倒少許油，放入小餅，用小火煎，一面煎成金黃色以後，翻面直至兩面成金黃色即可起鍋。

養生功效解析

韭菜有補腎壯陽、健脾暖胃的功效，與豆腐同時食用可降脂、降壓、促進消化。

特別提醒

韭菜屬溫熱之品，毛囊炎者不宜食用韭菜豆渣餅。

豆渣粥

促進胃腸蠕動、防治便秘

材料

豆渣100克，玉米粉50克，熟核桃、熟杏仁各5克。

做法

1. 將豆渣與玉米粉加少許水調成稀糊狀；熟核桃仁、熟杏仁碾碎。
2. 在鍋中加入1.8公升的水燒開，將做法1中的豆渣與玉米粉的混合物倒入鍋中，熬煮至熟爛。
3. 起鍋前加入熟核桃、熟杏仁的碎末即可。

養生功效解析

玉米粉和豆渣富含膳食纖維，二者同時食用可促進腸道蠕動，防治便秘。

黑豆渣饅頭

促進消化、增進食欲、補充能量

材料

黑豆豆渣100克，麵粉300克，玉米粉50克，酵母6克，白糖適量。

做法

1. 將豆渣、麵粉、玉米粉、白糖和酵母加溫水揉成麵糰。
2. 將麵糰放在盆中，覆上保鮮膜，置於溫暖濕潤處發酵，直至麵糰內部組織呈蜂窩狀為止。
3. 取出麵糰，揉搓成圓柱狀，用刀切成小塊，揉成圓形或方形饅頭形狀。
4. 在蒸鍋內加入適量涼水，水開後將饅頭放在蒸籠布上，中火蒸20分鐘後，關火即可起鍋。

養生功效解析

豆渣饅頭能促進膳食纖維的攝取量，從而促進消化、增進食慾，麵粉富含碳水化合物，能夠為人體提供能量。

材料

豆渣250克，胡蘿蔔半根，黑木耳、蔥花、薑末、鹽、雞精各適量。

素炒豆渣
清熱解毒、預防肥胖

做法

1. 胡蘿蔔洗淨切絲備用；黑木耳泡發，洗淨後，切絲備用。
2. 將鍋燒熱，倒入適量油，加入蔥花和薑末爆鍋。
3. 炒出香味後加入豆渣翻炒，倒入胡蘿蔔絲和木耳絲繼續翻炒，加入鹽、雞精炒勻即可。

養生功效解析

豆渣富含鈣和膳食纖維，與胡蘿蔔和黑木耳同時食用，既可補充鈣質，又有減肥的作用。

材料

豆渣50克，黑芝麻粉30克，白糖、葡萄乾各適量。

豆渣芝麻糊
防止脫髮、美容養顏、延緩衰老

做法

1. 豆渣和黑芝麻粉混合放入鍋中，加少許水一起煮；葡萄乾泡軟。
2. 煮至豆渣和黑芝麻粉熟透後，加入白糖和葡萄乾調勻即可。

養生功效解析

黑芝麻富含維生素E和不飽和脂肪酸，與豆渣同時食用有防止脫髮、美容養顏、延緩衰老的作用。

好喝濃湯

有些豆漿機有「濃湯」按鍵，可以用來製作濃湯，不僅方便快捷，而且很多蔬菜都可以用此方法，特別適合為那些不愛吃蔬菜的孩子們提供應有的營養需求。

奶油南瓜濃湯

養顏、排毒

特別提醒

如果有高湯，鹽要後加，如果沒有高湯使用濃湯塊替代也可，但要少放，濃湯塊較鹹，不必另加鹽。

材料

南瓜100克，高湯1碗，淡奶油（淡忌廉）30毫升，黑胡椒、鹽各適量。

做法

1. 南瓜洗淨，去皮、籽，切塊。
2. 豆漿機裏放高湯，加入淡奶油，放入南瓜塊。
3. 按「濃湯」鍵，直到豆漿機提示製作完畢，發出滴的聲音。
4. 湯盛出，加鹽、黑胡椒攪拌均勻即可。

養生功效解析

南瓜富含維生素和果膠，果膠有很好的吸附性，能吸附體內細菌毒素和其他有害物質，達到解毒作用。

胡蘿蔔肉末濃湯

保護眼睛、促進骨骼成長

材料

胡蘿蔔200克，肉末50克，濃湯塊1塊，烹調料酒、花椒、鹽適量。

做法

1. 胡蘿蔔洗淨、切丁；肉末加入米酒、花椒攪拌。
2. 將胡蘿蔔丁、肉末、濃湯塊放入豆漿機中，加水至上、下水位線之間，啟動豆漿機，按「濃湯」鍵，至豆漿機提示濃湯做好後盛出，放適量鹽調味即可。

養生功效解析

胡蘿蔔富含胡蘿蔔素，可在體內轉化成維生素A，有保護眼睛的功效；番茄富含番茄紅素和維生素C等營養物質，能抑菌、殺菌，促進骨骼成長。

材料

青菜250克，蝦米10克，濃湯塊1塊。

做法

1. 青菜洗淨，切段；蝦米洗淨，用水泡軟。
2. 青菜、蝦米、濃湯塊放入豆漿機中，加水至上、下水位線之間，啟動豆漿機，按「濃湯」鍵，至豆漿機提示濃湯做好後盛出即可。

青菜濃湯
養胃生津、清熱解毒

養生功效解析

青菜能養胃生津、除煩解渴、利尿通便、清熱解毒，這款濃湯味道鮮美，開胃爽口。

材料

雞胸肉100克，冬瓜250克，濃湯塊1塊，蛋白、烹調料酒各適量。

做法

1. 雞胸肉洗淨，剁成肉蓉，加入蛋白、烹調料酒攪拌均勻；冬瓜去皮除籽，洗淨，切丁。
2. 雞肉蓉、冬瓜丁、濃湯塊放入豆漿機中，加水至上、下水位線間，啟動豆漿機，按「濃湯」鍵，至豆漿機提示濃湯做好後盛出即可。

雞蓉冬瓜湯
去濕利尿、美容養顏、增強抵抗力

養生功效解析

這道湯有去濕利尿、美容養顏、增強抵抗力的功效，口感爽滑。

香甜果醬

有些豆漿機有專門製作果醬的功能，可以用各種水果來製作，不僅味道香甜，還是麵包、饅頭等主食的佐餐好伴侶。

草莓果醬

滋養肌膚、增進食欲

材料

草莓500克，白砂糖150克，冰糖100克，飲用水適量，吉利丁（魚膠粉）2克。

做法

1. 草莓洗淨、去蒂，放入淡鹽水中浸泡20分鐘，取出後用水洗淨。
2. 草莓一切為二，用砂糖拌勻，醃製1小時；吉利丁用飲用水攪勻備用。
3. 將醃製好的草莓放入豆漿機中，加入適量水，啟動豆漿機，按下「果醬」鍵，豆漿機提示做好後，盛入容器中，倒入吉利丁和冰糖，攪拌均勻，放涼後裝入罐裏，放冰箱冷藏保存即可。

養生功效解析

草莓富含維生素等多種營養物質，可滋養肌膚，提亮膚色，做成果醬後是佐餐的好材料，可增強食欲、解緩胃口不佳。

奇異果果醬

提升人體免疫力

材料

奇異果200克，乾銀耳25克，白糖40克，鮮檸檬1片，飲用水適量。

做法

1. 奇異果去皮、去中間的白心、切丁；乾銀耳放入水中浸泡，30分鐘後，撈出撕成碎狀。
2. 將奇異果丁、白糖、鮮檸檬片、銀耳放入豆漿機中，加入適量的飲用水，啟動豆漿機，按下「果醬」鍵，至豆漿機提示做好後，盛入容器中，放涼後裝入密封罐裏，放冰箱裏冷藏保存即可。

養生功效解析

奇異果富含大量的維生素C和各種礦物質成分，能夠提升人體免疫力，用奇異果製作的果醬風味獨特，是佐餐佳品。

豆漿機除了能打製豆漿、米漿和蔬果汁以外，還可以製作一些特色美食，只要您熱愛美食，只要您勤於動手，一機在手就可以輕鬆製作。

豆腐火鍋

可降血脂，預防心血管疾病

材料

黃豆50克，葡萄糖酸內酯（內酯）3克，雞蛋1個，八角1粒，金針菜、木耳各適量，雞精、太白粉（芡粉）各少許。

做法

1. 豆漿打製好後，倒出，待涼；雞蛋打散，攪成蛋液。
2. 把葡萄糖酸內酯用少許水化開，倒入豆漿中，立即攪拌均勻。
3. 豆漿隔水加熱，當溫度達到80℃左右時，保持15分鐘即凝固。
4. 鍋子放置爐上，加少許油，用八角爆香，然後加入金針菜、木耳略炒，放適量水、鹽、雞精，開鍋後，用水將太白粉勾芡，淋入蛋液，熄火。
5. 將滷汁澆在凝固的豆漿上即可。

養生功效解析

豆腐腦中的蛋白質含量十分豐富，可降血脂，預防心血管疾病，十分適宜體質虛弱的老年人。

核桃杏仁露

養顏益智

材料

杏仁40克，核桃40克，冰糖少許。

做法

1. 將杏仁、核桃放入豆漿機杯體中，加水至上下水位線之間。
2. 啟動機器，選擇「豆漿」功能，豆漿機提示做好後，加適量冰糖即可。

養生功效解析

核桃可潤腸通便、抗衰防老，杏仁富含單不飽和脂肪酸，二者同時食用可降低血液中的膽固醇含量，保護心臟健康。

營養花生乳

滋潤肌膚、補充腦力

材料

花生60克。

做法

1. 將花生浸泡6~12小時備用。
2. 將泡好的花生放入豆漿機中，加適量清水至上、下水位線之間，啟動豆漿機，按下「豆漿」鍵，直至豆漿機提示做好為止。

養生功效解析

花生中含有豐富的抗氧化劑、維生素和礦物質等營養成分，可以滋潤肌膚、補充腦力、防癌抗癌。

特別提醒

花生用高溫油炸會破壞花生內的維生素，最好用水煮的方式，將其用於打製豆漿、米漿等也是一種十分健康的吃法。

材料

香蕉500克，鮮奶500毫升，香草冰淇淋（雲呢拿雪糕）25克，白糖適量。

做法

1. 香蕉去皮，洗淨，切塊。
2. 將香蕉、鮮奶加入豆漿機中，啟動豆漿機，按下「蔬果汁」鍵，熬至豆漿機提示做好後，倒入香草冰淇淋中即可。

養生功效解析

富含人體所需的多種維生素，口感甜膩。

香蕉奶昔

維持代謝平衡、增強免疫力

材料

甜玉米2根，白糖適量。

做法

1. 把甜玉米剝去葉子和根鬚後清洗乾淨，再將玉米粒剝下。
2. 將玉米粒放入豆漿機中，加水至上、下水位線之間，選擇「蔬果汁」或「豆漿」功能，然後等待豆漿機提示玉米汁做好。
3. 玉米汁打好後可加入少許白糖調味。

養生功效解析

玉米富含膳食纖維，對便秘有很好效果，還可以延緩衰老、預防高血壓和冠心病。

特別提醒

剝玉米的時候可先剝下兩列來，再一列一列用拇指剝開就很容易剝下完整的玉米粒。

玉米汁

美容明目、預防高血壓和冠心病